TECHNICAL MANUAL FOR THE
DESIGN AND CONSTRUCTION OF ROOFS OF STAINLESS STEEL SHEET

不锈钢板屋面
设计施工技术手册

国际镍协会　编
吴昌栋　　　译
葛连福　　　校

中国建筑工业出版社

图书在版编目（CIP）数据

不锈钢板屋面设计施工技术手册＝TECHNICAL
MANUAL FOR THE DESIGN AND CONSTRUCTION OF ROOFS OF
STAINLESS STEEL SHEET/国际镍协会编；吴昌栋译；
葛连福校. —北京：中国建筑工业出版社，2020.1
ISBN 978-7-112-24789-9

Ⅰ.①不…　Ⅱ.①国…②吴…③葛…　Ⅲ.①不锈钢-
板材-屋面工程-工程施工-技术手册　Ⅳ.
①TU765-62

中国版本图书馆CIP数据核字（2020）第011633号

本书由国际镍协会（Nickel Institute）策划。因不锈钢板在建筑屋面工程上的实际应用，我国已进入初期发展阶段，但在发达国家，已是日趋成熟阶段，所以有必要借鉴国外的经验，促进不锈钢板屋面技术在我国的发展创新，这本小册子就此应运出版。

本书主要内容包括：不锈钢常识、不锈钢板屋面的构建方法、不锈钢板屋面施工等不锈钢板屋面技术实用的内容。

可供建设主管部门、建设单位、设计和施工单位从事金属屋面、墙面工作的专业工程技术人员或专业技术工人使用，也可供金属屋面、墙面研发、科创人员参考，同时，还可作为国内大专院校建筑学和建筑工程学专业本科生、研究生的辅助教材。

责任编辑：赵梦梅　刘文昕
责任校对：赵　菲

不锈钢板屋面设计施工技术手册
TECHNICAL MANUAL FOR THE
DESIGN AND CONSTRUCTION OF ROOFS OF STAINLESS STEEL SHEET

国际镍协会　编
吴昌栋　　　译
葛连福　　　校

*
中国建筑工业出版社出版、发行（北京海淀三里河路9号）
各地新华书店、建筑书店经销
霸州市顺浩图文科技发展有限公司制版
北京京华铭诚工贸有限公司印刷
*
开本：787毫米×1092毫米　1/16　印张：8¼　字数：207千字
2021年1月第一版　　2021年1月第一次印刷
定价：**60.00**元
ISBN 978-7-112-24789-9
（35078）

中 文 版 序

自 1985 年本技术手册面世以来，又有一些新的不锈钢钢种和牌号可用于不锈钢屋面工程。这些不锈钢牌号在本技术手册首次面世时，有的尚不存在，有的则不便使用。这些新的不锈钢种主要涵盖双相不锈钢（奥氏体-铁素体）系列，即金相结构包含大致等量的铁素体和奥氏体组织。相比奥氏体不锈钢 SUS304 和 SUS316，双相不锈钢具有约两倍高的屈服强度，然而，高强度对不锈钢的成形加工有不利影响，这就需要对加工、安装工艺技术进行必要的修改和调整。其中一些双相不锈钢，如 2003（UNS S32003）和 2205（UNS S32205），耐腐蚀性优于 SUS304 和 SUS316。事实上，卡塔尔新多哈国际机场（NDIA）的屋面就是用 2003 双相不锈钢建造的，也是迄今为止最大的不锈钢屋顶建筑，屋面面积约 35 万 m^2。

由于材料供应充足和加工、安装方法成熟，SUS316 至今仍是最常用的屋面不锈钢材料。

另外，含 6%Mo 的超级奥氏体不锈钢，如 UNS S31254、N08367 及 N09826 等，在沿海地区和高温工业区也有着不可忽视的应用潜力。

有关其他合金应用的相关内容，可参考欧洲不锈钢市场发展协会（Euro Inox）的出版物"不锈钢屋面技术指南" 2004 年第二版，也可参阅国际镍协会和国际钼协会（IMOA）网站上的有关建筑技术出版物。

Nickel Institute
国际镍协会
2019 年 9 月
网址：WWW. ni-China. org
WWW. nickelinstitute. org

中文版前言

本书译自日本不锈钢协会和国际镍协会合编的英文版资料"TECHNICAL MANU-AL for the DESIGN AND CONSTRUCTION of ROOFS OF STAINLESS STEEL SHEET"。在建筑金属围护系统研发过程中，我们获取英文版后不久，就对该书的主要内容进行了断断续续的译校，但仅作为国外资料搜集。这次在国际镍协会中国办事处宋全明博士牵头组织下，得以出版中文版。我们从头至尾重新译校和修改完善了一遍。今日得以翻译出版，与读者见面，实属幸事。

不锈钢板屋面同其他金属板屋面相比，具有十分显著的特点：亮丽的外表能满足建筑屋顶的美观要求；优异的耐腐蚀性能能满足屋面使用年限长久的要求而只需很少的维护；比普通钢具有更好的耐高温性能，满足不燃、防火安全的要求等。这些优点，使我国金属屋面材料的选用，从涂层钢板开始到涂层铝合金板，再向不锈钢板拓展，成为建筑技术发展进程的必然选择。就不锈钢板而言，在屋面上的应用，遵循着从奥氏体开始到铁素体，再到双相钢的技术发展，是同世界经济发达国家的路径完全一致的。

近十多年来，我国有关管理部门和社会学术团体，如中国特钢企业协会不锈钢分会、国际镍协会中国办事处、中国钢结构协会围护系统分会、中信微合金化技术等，在国内金属屋面中推广使用不锈钢做了不少卓有成效的工作，包括组织国内外技术交流、请境外专家来华讲学和工程推广应用介绍、技术信息联通等。在业内同仁共同努力下，我国不锈钢板屋面工程建设有了长足发展。从 2002 年开始，我国已建成的标志性不锈钢板建筑工程有：广州会展中心、广州亚运城综合体育馆、澳门客运码头、青岛胶东国际机场航站楼、肇庆新区体育中心体育馆、上海北翼集团屋顶花园等，应用总面积超过 50 万 m^2。欧美应用以奥氏体不锈钢为主，国内兼用奥氏体和铁素体不锈钢屋面应用。上述工程实践的成功，为不锈钢板屋面工程的发展积累了中国经验，展现了良好的应用前景。

为了让中文版的本书翻译工作达到"信、达、雅"要求，并在今后一段年代里具有实际应用价值，我们重点做好以下两项工作：首先将原作中的第 1、2、3 部分重新翻译和校对，成为现在本书的第一、二、三章；其次对原作中的附录部分进行了完善、更新、补充，以求更好地满足专业人员的实用要求。主要做法是：将屋面不锈钢板牌号通过列表进行了日本牌号和中国牌号的对照，书中讲到的日本牌号均能在我国标准中相对应的数字代号和牌号中找到，从而可全面了解到相关性能、化学成分、力学性能等指标；完善了不锈钢表面加工的种类、标准、加工制作方法等内容，因为不锈钢表面加工不仅是不锈钢技术条件的重要内容，也是人们在选材时要考虑的重要因素；摘录我国标准"不锈钢冷轧钢板和钢带"（GB/T 3280—2015）中与不锈钢板屋面有关的内容；全译了日本最新版"涂层不锈钢板及钢带"（JIS 3320：2016）。至于不锈钢板屋面的设计计算，建议参考日本《钢板屋面构法标准》（SSR2007）和中国相关标准。

从国内外不锈钢板屋面技术发展路径而言，当下本书中文版面世与当年英文版编制具有大致一致的契合期，即为不锈钢板屋面设计施工技术发展的初期。预期这本小册子会与日本行业一样，将起到参考、借鉴、实用的作用。所以，如果本书对我国不锈钢板屋面的技术发展起到一些助推作用，我们就感到十分欣慰了。

为了反映近些年来日本同行在不锈钢板屋面技术方面的新发展，为了补充设计计算方面的重要内容，我们计划另外撰写专门文章予以发表，谨请各位读者关注、查阅。

借此机会，对本书出版给予大力帮助的王志斌、曹复贤、李俊瑾、马春媛等同志谨表谢意！对本书责任编辑赵梦梅、刘文昕所做的贡献，谨表敬意！

尽管我们竭尽所能想通过本书将日本不锈钢板屋面设计施工技术译介给国内各位同行、读者，但受能力和水平所限，定有不尽人意之处，切望同行、读者、专家不吝指正！

葛连福　吴昌栋

2019 年 10 月 1 日

英文版说明

　　这是"不锈钢板屋面设计与施工技术手册"的英文版。本技术手册由日本不锈钢协会为促进不锈钢板屋面在日本的应用于 1985 年编制，含有应用于日本的"焊接工艺"说明。

　　本手册内容涵盖了有关不锈钢的基础知识以及不锈钢板屋面设计和施工的实用规定。在日本，建设方、建筑师、金属屋面板从业人员以及屋面工程承包商都使用本手册作为屋面板设计、加工制作及安装等的技术文件。

　　应该注意，本手册是应用于日本的，是考虑了日本的自然气候条件和施工技术水平。本手册为国际镍协会和日本不锈钢协会的共同项目，并获国际镍协会的资助。

日本不锈钢协会

日文版说明

  不锈钢是一种具有优良抗腐蚀性和耐久性且外观亮丽的金属。在现代建筑设计中，通常被认为是不可或缺的建筑材料。最近，在建造高质量的多层建筑时，已经有了各种各样利用其显著特点的不锈钢工程实例。

  用于住宅、体育场馆、厂房、仓库等屋面工程的不锈钢（主要是涂层不锈钢板）的需求，已经有了显著的增长，几年来的年均增长率大于 25%。涂层不锈钢板，采用高品质的有机涂料烘烤固化在抗腐的不锈钢板表面，具有优良的抗腐蚀性和耐久性，可以作为几乎不用维修的、准永久性的使用。由于屋面材料长期暴露在严酷的自然和腐蚀条件下，因而可以说涂层不锈钢板是理想的屋面材料。

  一般大众对涂层不锈钢板不太了解，而建筑师和从事屋面工程的人员对其特性、加工方法或屋面构建技术也缺乏足够的理解。

  本委员会编辑发行"不锈钢板屋面设计与施工技术手册"的目的就是传播信息，以扩大对不锈钢屋面的使用。编制工作开始于 1980 年 6 月，在日本建设省、日本建筑学会、建筑工业和屋面板金属工业协会的指导与合作下，经过四年的精心研讨和审查，我们现在可以将本手册面世了。如果在屋面工程设计与施工中能起到指导作用并且能促进不锈钢的应用，那我们就十分欣慰了。

  特别感谢东京理科大学平野道胜教授的挂帅，平野道胜教授作为"编撰委员会"和"起草编撰工作组"的主席，为本手册的编制付出了巨大的努力；也感谢其他编委为本手册付出的时间和合作。

日本不锈钢协会开发委员会　屋面材料特别委员会

日文版前言

近来，不锈钢板作为屋面材料已被广泛认可，与此相应，日本不锈钢协会于 1980 年 4 月成立了"不锈钢板屋面设计与施工技术手册"编制委员会，开始编制工作，以便支持、鼓励将不锈钢板用作建筑屋面工程的发展趋势。

"编制委员会"通过组织"草案编写工作组"，对草案进行了委托审查，"草案编写工作组"与涉及加工和安装的人员进行紧密联系，对草案进行了 20 多次审查，形成"不锈钢板屋面设计与施工技术手册"（草案）后，提交给"编制委员会"审议。然后在"编制委员会"指导下，1984 年 4 月开始本手册的正式撰写。

在起草草案过程中，我们讨论了把涉及不锈钢板屋面的相关信息都包括进来的多种方法。考虑到实际情况，即"钢板屋面构法标准"（由日本镀层钢板协会出版）和"钢板屋面构法标准实施说明"（由钢板屋面结构构造方法推广委员会出版）对此已进行了叙述，因此我们的基本方针是：解说短小而清晰，对以前的两本著述进行补充、避免重复，突出不锈钢板屋面专用内容。

建议读者将本手册和上述两本著述同时使用。比较好的方法是查阅"钢板屋面构法标准"，依据风压来确定合适的基板厚度和固定件的间距。至于固定件是否必须为不锈钢，请查阅本手册。

由于不锈钢板屋面的历史短，将来市场上会出现新材料和新方法。因此，目前难以形成标准化的规定。本手册得以出版，要感谢编委会的每位成员，特别是"草案编写工作组"的每位成员，是他们起草并审查了本手册，尽管他们还要忙于自己的工作。我对他们的不懈努力表示衷心感谢。我还要感谢秘书处的 Tadao Motoyoshi（本吉忠雄）先生和梅泽光雄先生，他们负责委员会的一般事务，还要负责与日本不锈钢协会各部门的信息交换工作。

"不锈钢屋面板设计与施工技术手册"编制委员会

主席　平野道胜

"不锈钢板屋面设计与施工技术手册"编制委员会成员

主席：平野道胜（Michikatsu Hirano）

成员：室田达郎（Tatsuro Murota）、大熊健（Takeshi Okuma）、长谷洋治（Yoji Nagatani）、山下孝一（Kouichi Yamashita）、井上俊行（Toshiyuki Inoue）、麻生饭冢（Gorozo Iizuka）、铃木敏文（Toshifumi Suzuki）、山里敏夫（Toshio Yamazato）、梶山敏（Bin Kajiyama）、伊藤文雄（Fumio Ito）、柴田正太郎（Shotaro Shibata）、神末正明（Massaki Kamimatsu）、小野博（Hiroshi Ono）、秋田光一（Koichi Akita）、堤信幸（Nobuyuki Tsutsumi）、田村信孝（Yoshitsugu Tamura）、村田克己（Katsumi Murata）、

秘书：本吉忠雄（Tadao Motoyoshi）、梅泽光雄（Mitsuo Umezawa）

目　　录

第一章

不锈钢常识

1. 不锈钢分类及特性

1.1 何为不锈钢

铁在空气中由于氧化反应容易生锈,但当铁含有 10% 铬时,就很少能生锈,如果再加入镍,铁的抗腐蚀能力会进一步提高。

不锈钢是一种铁中含有超过 10.5% 铬、含碳量低于 1.2% 的合金钢。还有其他类型的不锈钢,如含镍、锰、钼等元素。显然,根据各合金元素含量的不同,会有很多种类型、牌号的不锈钢。

1.2 不锈钢分类

实际上,按照日本工业标准规定,不锈钢的种类有几十种。如果将不锈钢企业生产的产品全包括进来,则合金不锈钢的牌号多达 100 余种。

这些合金钢的类型,粗略地根据主要合金元素分类为:1)铬型不锈钢,含关键元素铬;2)铬—镍型不锈钢,含关键元素铬和镍。

根据金相结构进行分类时,可粗略地分为三类:马氏体、铁素体和奥氏体(新添两种:双相钢、沉淀硬化钢)。

铬型不锈钢根据其马氏体结构和铁素体结构分为马氏体不锈钢和铁素体不锈钢。铬-镍型不锈钢的金相结构是典型的奥氏体,因而称为奥氏体不锈钢(见表 1.1)。

铬型、铬-镍型不锈钢简述如下:

(1)铬型不锈钢

铬型不锈钢有以下 a、b 两类铁磁型:

a. 13Cr(铬)不锈钢

13Cr(铬)不锈钢的金相结构在淬火后基本上是马氏体,SUS 410 为其典型牌号。

b. 18Cr9(铬)不锈钢

18Cr(铬)不锈钢的金相结构为铁素体,SUS 430 为其典型牌号。

（2）铬-镍型不锈钢

铬镍型不锈钢含有约 18% 的铬和约 8% 的镍，此类不锈钢常被称为 18-8 不锈钢，其金相结构为奥氏体。典型牌号为 SUS 304 和 SUS 316。

表 1.1 表示不锈钢的分类，表 1.2 给出了典型的不锈钢的化学成分。

不锈钢分类 　　　　　　　　　　　　　　　　　　　　　　　　　　　表 1.1

按主要元素分类				按金相结构分类
按主要元素分类	常用名称	钢的牌号	简称	按金相结构分类
铬型	13 铬型	SUS 410	13Cr	马氏体(注1)
铬型	18 铬型	SUS 430	18Cr	铁素体
铬-镍型	18 铬-8 镍型	SUS 304	18Cr8Ni	奥氏体
铬-镍型	18 铬-8 镍型	SUS 316	18Cr8Ni2.5Mo	奥氏体

备注 1：SUS 是日本工业标准命名的不锈钢（Steel special Use Stainless）的缩写。

备注 2：Cr，Ni，Mo 分别是铬、镍、钼的元素符号。

（注 1）：淬火后的金相结构。

典型不锈钢的化学成分 　　　　　　　　　　　　　　　　　　　　　　表 1.2

材料分类成分（%）	SUS 304	SUS 316	SUS 430	SUS 410
C(碳)	≤0.08	≤0.08	≤0.12	≤0.15
Si(硅)	≤1.00	≤1.00	≤0.75	≤1.00
Mn(锰)	≤2.00	≤2.00	≤1.00	≤1.00
P(磷)	≤0.045	≤0.045	≤0.040	≤0.040
S(硫)	≤0.030	≤0.030	≤0.030	≤0.030
Ni(镍)	8.00～10.50	10.00～14.00	(注1)	(注2)
Cr(铬)	18.00～20.00	16.00～18.00	16.00～18.00	11.50～13.50
Mo(钼)	—	2.00～3.00	—	—

（注 1）、（注 2）：可能含 0.6%Ni（SUS 304、316、410、430 与 AISI 标准的含量数字相同）。

1.3　不锈钢的特性

1.3.1　物理性能

典型不锈钢的物理性能列于表 1.3 中，表 1.4 则将不锈钢与屋面用的铝、铜和低碳钢进行了比较。

典型不锈钢的物理性能 　　　　　　　　　　　　　　　　　　　　　　表 1.3

不锈钢材料分类（JIS）		SUS 304	SUS 316	SUS 430	SUS 410
质量密度（g/cm³）		7.93	7.98	7.7	7.75
电阻率 $\mu\Omega$-cm（室温）		72	74	60	57
磁性		无	无	有	有
比热（J/g/℃）(0～100℃)		0.50	0.50	0.46	0.46
平均线胀系数（×10⁻⁶/℃）	0～100℃	17.3	16.0	10.4	9.9

不锈钢材料分类（JIS）		SUS 304	SUS 316	SUS 430	SUS 410
导热系数（J/cm²/sec/℃/cm）	100℃	0.1629	0.1629	0.2613	0.2491
弹性模量（N/mm²）		197×10³	197×10³	204×10³	204×10³
熔点（℃）		1400～1450	1370～1400	1430～1510	1480～1530

四种金属材料物理性能比较　　　表 1.4

金属材料类别	SUS 304	铝合金（A5052P）	铜（C1220P）	低碳钢（SPCC）
质量密度（g/cm³）	7.93	2.68	8.9	7.85
电阻率（μΩ·cm）（室温）	72	4.9（0℃）	软质2.5 硬质1.9	14.2～19.0
磁性	无	无	无	有
比热（J/g/℃）（0～100℃）	0.50	0..96	0.385～0.394	0.48
平均热胀系数（×10⁻⁶/℃）（0～100℃）	17.3	23.8	14.1～16.8	12.2
导热系数（100℃）（J/cm²/sec/℃/cm）	0.1629	1..3816（25℃）	2.93～3.64（25℃）	0.211～0.578
弹性模量（N/mm²）	197×10³	71.7×10³（≤38℃）	120×10³～135×10³	210×10³～230×10³
熔点（℃）	1400～1450	593～649	1083	1530

不锈钢的物理性能概括如下：

（A）导电性能

不锈钢的导电性能低于其他钢。电阻率通常随铬或镍含量的增大而趋于增大。铬镍型不锈钢（SUS 304）的电阻率比铬型不锈钢（SUS 430 和 SUS 410）的电阻率要大一些，但是比低碳钢、铜和铝则要大得多，约分别为 3～4 倍、40 倍和 15 倍。由于这个原因，点焊不锈钢时所需的电流比点焊其他材料所需的电流要小得多。

（B）热学性能

不锈钢的比热与低碳钢的几乎一样，但是导热系数通常比低碳钢小。铬型不锈钢的导热系数大约是低碳钢的二分之一；铬-镍型的大约是低碳钢的三分之一，大约是铜的二十四分之一。相应地，焊接不锈钢板时，必须注意由于热量集中在一处而冷却慢所导致的包括不平整及扭曲变形在内的一些现象出现。铬型不锈钢（SUS 430）的热胀系数与低碳钢的相同，而铬-镍型不锈钢（SUS 304 和 SUS 316）的热胀系数大约是低碳钢的 1.5 倍，因此，当铬-镍型不锈钢用于屋面时，连接屋面板与下部支承结构的固定件上的滑槽尺寸必须足够大。

（C）磁性

铬型不锈钢有很强的磁性而被磁体吸引，但铬-镍型不锈钢通常没有磁性而不会被磁体吸引。在铬-镍型不锈钢中，有些类型如 SUS 304，由于在冷加工的冷弯和冷拔时金相组织可能改变而具有磁性。

1.3.2 力学性能

典型不锈钢的力学性能见表 1.5 和表 1.6 将不锈钢力学性能与其他金属材料进行比较。从表中可以看出，不锈钢力学性能与其他材料如低碳钢、铜和铝等相比，有很大的不

3

同。铬型不锈钢和铬-镍型不锈钢的力学性能也有所差别。此外，不锈钢与低碳钢相反，没有明显的屈服点。因此，通常把 0.2％永久变形对应的应力称作名义屈服强度。

SUS 430（铬型）的力学性能通常与低碳钢相似，相较于铬-镍型不锈钢如 SUS 304，其名义屈服强度较高而抗拉强度和延伸率较低。

另一方面，虽然 SUS 304（铬-镍型）的屈服强度不算高，但抗拉强度高，在可加工性上由于高延伸率而优于 SUS 430。因此，180 度弯曲不会产生裂纹。将 SUS 304 制作、加工成建筑构配件时，必须注意到 SUS 304 具有显著的冷作硬化性。

不锈钢的力学性能　　　　　　　　　　　　　　　　　　　　　表 1.5

不锈钢分类	SUS 304	SUS 316	SUS 430	SUS 410
状态	规定固溶处理	规定固溶处理	退火处理	退火处理
名义屈服强度 (0.2％)N/mm^2	≥210(290)	≥210(280)	≥210(320)	≥210(320)
抗拉强度 N/mm^2	≥530(660)	≥530(650)	≥460(510)	≥450(500)
延伸率％	≥40(57)	≥40(55)	≥22(31)	≥20(31)
硬度 洛氏 HRB	≤90(82)	≤90(83)	≤88(81)	≤93(78)
硬度 韦氏 HV	≤200(168)	≤200(170)	≤200(163)	≤210(154)

注：这是 JIS 所给定的标准值，但括号中的数值是 1mm 厚板材的检测平均值。
译注：原著中应力单位 kgf/mm^2，现改为 N/mm^2。

多种金属材料力学性能比较　　　　　　　　　　　　　　　　表 1.6

金属材料类别	SUS 304	铝合金(A5052P)	铜 (C1220P)		镀锌钢板
状态	规定固溶处理	H34	软质(O)	硬质(H)	退火处理
名义屈服点 (0.2％)(N/mm^2)	≥210(290)	≥180(220)	—	—	≥285
抗拉强度 N/mm^2	≥530(660)	240～290 (265)	≥200	≥280	≥345
延伸率(％)	≥40(57)	≥6(10) (t1.6)	≥35	—	≥26.7
硬度 洛氏 HRB	≤90(82)	—	—	—	≥68
硬度 韦氏 HV	≤200(168)	—	—	≥80	≥123
硬度 布氏 HB	—	68	—	(≥HV0.5)	—

注1：铝合金 H34 由冷轧后进行稳定化处理；此类合金分类为 1/2 硬度类；括号内的数值是铝合金标准力学性能的代表值。

注2：(O) 表示退火处理的软铜，而 (H) 表示通过冷轧硬化后的硬铜。此外，对于屋面材料，还有 1/2、1/4 硬的材料。

1.3.3　防腐性能

（1）钝态膜层

不锈钢优异的防腐和防锈性能来自以下事实：不锈钢中所含铬与空气中的氧结合，在金属表面形成了很强的钝态膜层（即氧化铬，就像氧化物涂层一样）。这层钝态膜层厚 3/

1000000mm，肉眼看不见，十分致密且有韧性，能抵抗断裂和腐蚀。当以下物质附着在表面引起红锈出现时，表明膜层破坏而发生了腐蚀：

    a. 盐；

    b. 有害气体，如二氧化硫，来自汽车或建筑物空调设备排出的废气；

    c. 化工厂烟囱排放的有害气体；

    d. 化学物，如盐酸、硫酸、磷酸及氯水；

    e. 除污、除垢的洗涤化学用品；

    f. 温泉中的腐蚀气体。

一旦有害源移除且受损部位接触空气后，不锈钢中所含铬与空气中的氧结合会再生成保护膜。

所以，不锈钢的防腐能力是准永久性地保持的，只要这层钝态膜层能再生成。例如，不锈钢餐具和水槽，其上有盐、酱油、脂肪以及油脂附着时，钝态膜层表面破坏了，但使用后一经清洗，钝态膜层会再生成，漂亮外观可长期保持。

钝态膜层的作用和防腐能力在添加镍后会得到进一步加强。含铬和镍的不锈钢表现了更好的防腐能力，按相对防腐能力排序，典型不锈钢顺序为 SUS 410、SUS 430、SUS 304 和 SUS 316。

（2）转移性锈蚀

当不同类型金属接触水时，会形成电池或电偶，其中一种金属会先腐蚀，这个现象称作电化学腐蚀。

只要表面钝态膜层完整，不锈钢与几乎任何金属接触都不会发生电化腐蚀；相反，会加速与之接触的其他金属的腐蚀。与不锈钢接触的普通钢制螺钉会很快出现红锈，这是螺钉的红锈而不是不锈钢的锈蚀。

正如上例所提及的，由于电化腐蚀而导致的锈蚀称作"转移性锈蚀"。可能的原因：沿着铁道飘浮在空气中的铁粉以及收工后遗留的钢、铝、铜和其他金属残屑。

由于转移性腐蚀会损坏钝态膜层，当残留时间较长时，会引起不锈钢本身的锈蚀，所以必须进行全面检查并清除残留物。

1.3.4 加工性能

加工不锈钢时，应注意采用合适的加工方法。

（1）回弹

金属通过加力作用而变形，当外加力去掉后，都会有本能性的回弹，简称为回弹。

不锈钢的回弹比低碳钢或铝都大，因此，进行弯折时，设定弯折后的角度比期望获得的角度小 2°～3°，才能得到期望获得的角度，比如，将弯折的角度设定为 88°，才能达到维持设计所需的 90°。

（2）最小弯曲半径

当金属板受弯时，弯曲外侧纤维受拉，弯曲内侧纤维受压。当外侧伸长率超过某一极限时，外侧就会出现裂纹。弯折时板中不出现裂纹的加工极限半径叫作最小弯曲半径，其值与不锈钢类型有关。对 SUS 304 进行 180°最小弯曲半径弯折时不出现裂纹，而对 SUS 430 以较小的弯曲半径进行弯折时就可能出现裂纹。各类不锈钢的最小弯曲半径以及与其他金属材料的比较见表 1.7。

各种退火处理金属板材的最小弯曲半径（内径） 表 1.7

材料类别	SUS 410	SUS 430	SUS 304	低碳钢 （SPPC）	铜(C1220P)	铝合金 （A5052P）
最小弯曲半径	$(0.5\sim1.0)t$	$(0.5\sim1.0)t$	$(0\sim0.5)t$	$(0\sim1.0)t$	$(0\sim1.0)t$	$(0\sim1.5)t$

注 1. 所有板材都进行退火处理。

注 2. "t"表示板材的厚度（mm）。

（3）冷作硬化

室温时对金属进行弯曲或冷拉，金属都有抵抗变形能力增强和硬化的特性，称为冷作硬化。铝、低碳钢和不锈钢在常用建筑板料中的冷作硬化度按序越来越大。特别说明，牌号 SUS 304 和 SUS 316 比 SUS 430 的冷作硬化度大，一旦一个部件弯折得不正确，就很难改过来。因此，必须一次性地完成准确的弯折加工。不同不锈钢冷作硬化程度见图 1.1。

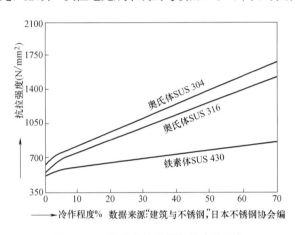

图 1.1 不同种类的不锈钢的冷作硬化

（4）抗剪性能

截断、冲孔、切口以及裁剪等加工称为剪切加工。由于剪切加工是正式成型加工的前道工序，一旦失败，材料就会浪费，或者对产品的最终形态产生不良影响。

不锈钢硬且韧，比低碳钢需要更大的剪切力。特别是奥氏体不锈钢 SUS 304 和 SUS 316，其剪切力比低碳钢要大 1.5 倍左右。

选用剪板机时应注意剪刀的磨损情况及上下剪刀间隙的大小，必要时进行调整。

1.3.5 不锈钢特性列表

用作建筑板材的不锈钢，其基本性能及其他特性，简列如表 1.8 所示。

各类不锈钢的特性 表 1.8

特性＼不锈钢牌号	奥氏体 （18-8 型） SUS 304，SUS 316	铁素体 （18 铬型） SUS 430	马氏体 （13 铬型） SUS 410
磁性	无	有	有
淬火硬化	无	无	有，含碳量高时冷却后易开裂
加工硬化	加工硬化度高。含镍高时，加工硬化度较低	冷加工时有些硬化	加工硬化性与低碳钢相近
抗腐性能和耐候性能	性能优良	比奥氏体差	比铁素体差
冲击性能和延性	极好。可塑性也好	比奥氏体差	与铁素体一样
可焊性	极好。要求焊后快速冷却从 800℃～500℃	比奥氏体差。热影响区晶粒增长并变脆	不好。焊前要预热，焊后要热处理，以免出现焊缝裂纹

不锈钢牌号 特性	奥氏体 (18-8 型) SUS 304,SUS 316	铁素体 (18 铬型) SUS 430	马氏体 (13 铬型) SUS 410
低温性能	即使在－200℃时,也有足够的韧性	比奥氏体差	与铁素体一样
各向异性	几乎不存在	有,与轧制方向成直角弯折时	有
热胀性能	约为低碳钢的 1.5 倍	与低碳钢几乎一样	与铁素体一样
导热系数	约为低碳钢的 1/3	为低碳钢的 1/2	与铁素体一样

注:退火处理后才进行磁性检验。

2. 屋面用不锈钢板的种类和性能

2.1 屋面用不锈钢种类

以下四种不锈钢都可用作屋面板:
(1) 冷轧不锈钢板及钢带;
(2) 涂层不锈钢板及钢带;
(3) 化学着色不锈钢板及钢带;
(4) 镀层不锈钢板及钢带。

这些不锈钢板用作屋面顶板具有不同特点,如何加以优选,需要充分了解每种板材的性能。

2.2 冷轧不锈钢板及钢带

(1) 材料和钢材牌号

日本冷轧不锈钢板及冷轧不锈钢带 (JIS G 4305) 制成品中,SUS 304,SUS 316 和 SUS 430 是主要使用的钢材牌号。其他的专有钢材牌号,也像"日本工业标准"的产品一样可供选用。

一般地,上述材料都经退火处理,以易于机械切割和弯曲。但屋面工程中常用的手动剪切或手动弯折,依然不易。

(2) 表面加工

由于冷轧不锈钢为银白色并且具有高度反射性,对屋面用材料需按"日本工业标准"进行 2D、2B 或拉丝的表面处理。2D 是一种暗灰、平滑、无光的加工表面,2B 比 2D 多一些光滑和光泽。拉丝是一种长而连续的抛丝或擦丝表面(见附录二)。

即使用了这样的表面处理,不锈钢板仍具有很高的反射性而会使屋面呈现得很光亮,只有在对拟建屋面周围环境进行研究评估后方可采用此类不锈钢。

冷轧不锈钢板生产时表面也可附上一层薄膜。此膜层可保护不锈钢不受由于与施工机具(如滚轮成型机)接触而产生的转移性锈蚀,或者由于(来自螺钉、螺栓、螺母及钢材碎屑）钢粉末而产生的转移性锈蚀，屋面组装时此类钢粉末会与不锈钢接触。膜层会老化而坏掉，如果置之不理，在老化过程中，膜层会让屋面看起来破旧不堪、五色杂陈。因此，完工后应迅速将膜层剥离、清除。

（3）抗腐和耐候性能

由于冷轧不锈钢的表面暴露于空气中，应注意以下两点：

a. 可能会发生由于其他材料如钢粉末而引发的转移性锈蚀附着在屋面上。此转移性锈蚀不会损坏不锈钢本身，但在很多情况下，那些空气中飘浮有钢粉末区域的屋面的良好外观会遭受破坏。

b. 由于盐雾，表面可能会出现红锈，此红锈是不锈钢本身的锈蚀。但是，根据日本多个地方的大气暴露试验结果，不锈钢的重量损失极小。

在滨海地区，值得使用抗腐性能优异的钢材牌号如 SUS 316，其良好的外观不易损坏。不同地区 5 年腐蚀质量损失见表 1.9。

不同地区 5 年大气暴露腐蚀质量损失（g/m²）　　　　表 1.9

材料＼地区	太平洋海滨区		日本海海滨区	内陆地区		工业区	
	御前崎	枕崎	轮岛	高山	带广	川崎	东京
普通钢材	822	636	549	381	337	3112	1404
耐候高强钢（50k）	598	409*	383	280	287*	1434	876
SUS 304	6×10^{-2}	12×10^{-2}	7×10^{-2}	11×10^{-2}	12×10^{-2}	67×10^{-2}	74×10^{-2}
铝合金	108×10^{-2}	81×10^{-2}	80×10^{-2}	48×10^{-2}	85×10^{-2}	1663×10^{-2}	580×10^{-2}

注：打 * 者的腐蚀质量损失为 4 年的。

数据来源：摘自"各种金属材料和防腐涂层"，由钢结构防腐委员会编。

（4）冷轧不锈钢板用于屋面的优缺点

优点：

a. 创造立体感。

b. 易于焊接，前处理和后处理比涂层不锈钢板更容易。

c. 成本比其他不锈钢板低。

缺点：

a. 没有色彩。

b. 高反射性，扭曲变形更明显。

c. 由钢粉末导致的转移性锈蚀或盐雾引起的红锈在某些环境下不可避免会发生。在这些地方使用时，必须经常进行清洁，以维持最初的外观。

2.3　涂层不锈钢板及钢带

（1）材料和钢材牌号

涂层不锈钢板的基板是冷轧不锈钢板及不锈钢带（JIS G 4305），SUS 304 和 SUS 430 是主要使用的基板牌号，也可使用其他专有牌号。这些基板通常都经过退火处理，可加工性能更为优越。

（2）表面涂层

在轧制表面上烘烤一种高品质有机涂层材料，主要涂层材料是：清漆和色漆。其技术规定和性能按 JIS3320 标准（见附录四）。

（3）抗腐和耐候性能

涂层不锈钢板抗腐性能优异，按表 1.10 所列测试可获证实，因此几乎不会发生由于钢粉末导致的转移性锈蚀或盐雾引起的红锈。但年久月深，涂层会自然消退，光泽也会慢慢失去，基板最终会露出。

涂层的抗腐性能 表 1.10

项目	试验名称	试验方法	评价方法
抗腐性能	盐雾试验	JIS G 3320	1000h 后,试件不应有锈蚀、起鼓等瑕疵
抗化学性能	5％硫酸溶液	常温,24h	试件不应有锈蚀、起鼓
	5％氢氧化钠溶液	同上	同上
	3％氯化钠溶液	同上	同上
	5％乙酸溶液	同上	同上
加速耐候测试	太阳光照计量仪	JIS A 1415	2000h 后,试件不应有任何不正常

（4）涂层的强度

涂层强度可根据 JIS G 3320，按表 1.11 所示方法测试检验予以保证。应注意金属刷的划损以及极度弯曲或冷拔加工而造成涂层损坏。

涂层强度（JIS G 3320） 表 1.11

测试项目	试验方法概要	测试完成后的情况
网格划割试验	使用单刃安全刀片等,按网格进行划割,穿过涂层,到达基材	测试部位没有瑕疵
冲击测试	重物从杜邦冲击试验机落在试件上	与基材无剥落,涂层上无裂纹
弯曲测试	带涂层的表面进行外 180°弯曲测试	距试件每侧边至少 7mm,弯曲部位的任意位置,涂层无剥落
铅笔硬度测试	使用 H 硬度的铅笔进行画线	涂层上没有痕迹

（5）防火性能

通过不燃材料防火性能检验，确保其优良的防火性能（不燃材料，第 1006 号）。

（6）涂层不锈钢板用作屋面顶板的优缺点

优点：

a. 因钢粉末导致的转移性锈蚀可以避免；

b. 涂层不锈钢暴露于腐蚀性气体或盐雾中不会锈蚀；

c. 可以选择多种颜色；

d. 可以获得防目眩的效果；

e. 褶皱变形不明显；

f. 由于经过退火处理，切割和弯曲性能优良。

缺点：

如果不采取足够细心的防护措施，加工或安装时涂层可能会遭受损坏。

2.4 化学着色彩色不锈钢板及钢带（Inco Color 国际镍业公司色卡）

不锈钢广泛用于器皿、餐具和电器，以及建筑材料。这主要是利用了不锈钢具有吸引人的外观的特点，但不锈钢自身并没有色彩也是不可否认的。因此，研制开发了化学着色不锈钢，保持不锈钢特点的同时，添加了色彩。最初是为小电器研发的，现在则可用于常规尺寸的板和带钢。化学着色不锈钢有 5 种标准颜色：红、金、绿、蓝、黑。

（1）材料和钢材牌号

SUS 430，主要以冷轧不锈钢板和钢带（JIS G 4305）供货。当然，任何与 SUS 430 类似的牌号都可以使用，每种牌号的色调会略有不同。

（2）表面

当不锈钢浸入铬酸和硫酸的混合水溶液中时，表面会生成一层透明的钝态膜层。在空气中生成的钝态膜层，厚度不会超过某一定值；但在此混合水溶液中，钝态膜层会随着时间越来越厚。膜层达到一定厚度时，由于光的干涉作用，就产生了色感，而色调会依膜层的厚度而变化。Inco Color 不锈钢产品生成的膜层厚度为 0.1 或 0.2μm（约为常规不锈钢钝态膜层厚度的 50 倍），再通过对表面膜层进行特殊硬化处理，保护膜层在使用过程中色调不变。

（3）抗腐和耐候性能

由于 Inco Color 不锈钢有一层厚的钝态膜层，其抗腐能力比常规冷轧不锈钢要好得多。另一方面，初始色调的维持，依赖于膜层硬化处理的耐候性能。根据各种加速腐蚀试验结果和建筑实际使用经验，可以预期良好的性能。

（4）用作屋面顶板的优缺点

Inco Color 不锈钢的表面膜层坚硬而难以破坏，但一旦破坏了，则很难恢复。

2.5 电镀、蒸镀不锈钢板及钢带

带铜镀层的不锈钢板用作屋面顶板时，不锈钢板提供强度而铜镀层则提供设计所需的铜的外观亮点。

（1）材料和钢材牌号

不锈钢板为经退火处理的冷轧不锈钢带（JIS G 4305），退火处理改善了成型和加工性能。由于铜和不锈钢具有相似的自然导电性，有必要控制不同种类金属在切割面接触而产生的电偶腐蚀，SUS 304 是最合适的牌号。

（2）表面状态

镀铜不锈钢的光滑外观很像铜板。通常情况下，与外界大气接触面的镀铜量要大于背面，背面有抛光记号，以示区别。

（3）抗腐和耐候性能

镀铜层在大气中会发生表面变化，在较好的条件下也会产生铜绿。其厚度磨损如表1.12 所示。在正常条件下，镀铜层可以保持的时间多于 10 年，不锈钢基板金属最终也会露出，但其作为屋面板的功能会维持很长时间，就像涂层不锈钢板的情况一样。如果在不锈钢露出后还要求保持原来的外观，则可以使用涂材油漆进行恢复。

镀铜的厚度磨耗损失实例   表 1.12

地区	桐生市	阿波白浜	佐渡	吴市	长崎
环境	乡村	海滩	海滩	工业区近海	城市重工业区
磨损(μ/年)	0.2	1.0	0.75	0.8	0.9

数据来源：日新制钢株式会社

（4）镀铜不锈钢用作屋面顶板的优缺点

优点：

a. 可以避免初期的转移性锈蚀；

b. 约 3～6 个月后，可生成铜的常规色调铜绿；

c. 由于比纯铜板的强度大，可以加工和搬运更长的构件。

缺点：

a. 刚镀完后会有杂色感；

b. 如果上层屋面材料是瓦，或者位于雨水滴落处，则该局部的镀铜层会提前老化；

c. 镀铜层的耐久性不是永久性的，不锈钢基材最终会露出来。

3. 不锈钢板屋面维护

3.1 维护的必要性

与碳钢或铝相比，不锈钢的抗腐蚀性能明显优越，是一种防锈性能很好的金属。但是不锈钢也会受污或生锈，这取决于使用情况和环境条件。如果忽略日常维护，受污和生锈会变得十分明显，所以清洁措施应该及时跟进。

不锈钢的抗腐蚀和防锈性能好是因为：不锈钢中所含的铬元素，与空气中的氧结合，在表面形成一种很强的钝态氧化铬膜层，此钝态膜层阻止了裸露表面进一步氧化，从而保护不锈钢表面不遭腐蚀。如果放任此膜层损坏不管，或者氧气与铬的结合被隔断，则不锈钢就会生锈。

去除腐蚀因素，且让铬和氧重新结合，则此钝态膜层可以再生成，因而抗腐蚀性能也恢复了。

不锈钢受污或生锈的原因各种各样。很多情况是由飘浮在空气中的钢粉末附着或沉积在不锈钢表面引起的、由有害气体中的元素引起的或由盐雾中的盐的附着引起的。不锈钢生锈与附着物在该处锈蚀的状况相关，或者说与该处的钝态膜层的破坏状况有关。初始阶段的锈蚀容易去除，表面钝态膜层会恢复。即使锈蚀已经搁置了很长时间，只要适当加以清洁，外观几乎还能完全恢复。

不锈钢的生锈与碳钢和铝的生锈情况完全不同：不锈钢生锈只是表面生锈，材料本身并不腐蚀。所以，不锈钢屋面所进行的维护只是为保持良好的外观而不是去维护屋面防水基本性能（碳钢或铝板屋面需要维护屋面防水基本性能）。

进行不锈钢屋面的设计或施工，应先让房屋所有者充分理解不锈钢屋面板受污和生锈的机理。保持良好外观的维护工作是必需的，要依据不同的环境条件制定定期清洁维护计划。应让业主意识到这些要求是科学的、正当的。

3.2 表面生锈和产生污迹的原因

（1）当道路施工或建筑施工或者汽车行驶造成的污染沉积物或垃圾不断积聚在不锈钢板上时；

（2）当沿着铁路周围的空气中的钢粉末，或者机加工或汽车修理厂或其他来源的钢粉末不断附着在不锈钢板上时；

（3）当不锈钢暴露在氧化硫或汽车尾气中的其他有害物质中时；

（4）当不锈钢暴露在工厂或焚化装置、空调设备所放出的大量烟尘中或其他废气中的有害物质时；

（5）当不锈钢暴露在温泉地区的腐蚀性气体时；

（6）当海滨地区盐雾中的盐附着在不锈钢板上时；

（7）当清洁剂未冲刷干净而附着在不锈钢板上时；

（8）当手印或搬运时脏物附着在不锈钢板上时。

3.3 冷轧不锈钢板和涂层不锈钢板屋面的维护、清洁

3.3.1 冷轧不锈钢板屋面的维护和清洁

（1）转移性腐蚀

a. 轻度转移性腐蚀

由于钢粉末引起的转移性腐蚀，可以很容易且经济地清除掉。当它还是红色时，用浸透中性洗涤液或肥皂水溶液的海绵或湿布擦拭掉，然后冲洗干净并擦干即可。

b. 重度转移性腐蚀

转移性腐蚀长时间留驻后，会转化生成严重的锈蚀混合物，如氢氧化铁、氧化铁以及二氧化硫铁。这些锈迹可以使用工业清洁剂或15％硝酸溶液进行清洗。当某些锈迹仍无法清除的情况下，应使用金刚砂纸或不锈钢刷对不锈钢表面进行摩擦，有时会带来不锈钢表面有轻微损伤。锈迹除去后，必须用水进行充分的清洗以洗掉清洁用化学物。

（2）由废气或腐蚀性气体中的有害附着物引起的腐蚀

不锈钢表面在工业区或城区很容易变脏，外表为细小的锈点。很多情况下这都是由汽车尾气或空调设备废气以及工业烟尘中的有害成分引起的。锈污相对轻微时，很容易用中性洗涤剂或肥皂水溶液进行清洁并冲洗干净。

（3）由盐雾附着物引起的锈蚀

不锈钢暴露于含盐多的海滨地区的空气时，在SUS 304表面会相对较快地出现红锈，在SUS 430表面则会更多地出现红锈，比起其他环境条件，出现红锈的时间也快得多。可以按（1）所述的方法除锈。

在海滨地区，要求对不锈钢表面进行定期清洁，一年2～3次。

海滨地区采用不锈钢屋面时，应使用SUS 316，其防腐性能优于SUS 304，或选用涂层不锈钢板。

（4）由清洁用化学物品的附着引起的锈蚀

此种锈蚀应该使用中性洗涤液或肥皂水除掉。如果还不行，应使用化学清洁剂，再用水冲洗。

（5）手印和搬运等脏物所引起的污渍

这些污渍应该使用中性洗涤剂或肥皂水溶液进行清除。如果表面不易清洁，则应使用浸透有机溶液如乙醇、苯以及丙酮的海绵或布进行擦洗。如果还不行，则应使用不锈钢专用化学清洁品。无论什么情况下，清除后都应进行仔细的冲洗并擦干。

3.3.2 涂层不锈钢板屋面和化学着色不锈钢板屋面的维护及清洁

因为涂层不锈钢表面有涂层防护，只要涂层不破坏，就不会发生锈蚀。由于钢粉末和沉积物的附着，不可避免地会出现污渍。如果表面显现污渍，应仔细地进行清洁，注意以下几点：

（1）附着在表面的脏物和钢粉末应使用软布轻轻地擦掉。

（2）手印和油污应使用浸透中性洗涤剂水溶液的软布轻轻擦掉，再用水清洗。最后，用干布擦干。

（3）应避免使用金属刷或含粗研磨料或洗擦粉的粗洗涤剂，因为会破坏涂层。

（4）由于有机溶液如乙醇、苯和丙酮会溶解涂层进而扰乱色调，即使它们能除掉脂肪和油污，也不应使用，但化学着色涂层除外。

（5）酸性或碱性洗涤剂，如盐酸、硝酸、地砖清洁泡沫剂以及氢氧化钠都不应使用。如果用了，会出现褪色。

（6）除中性洗涤剂外的所有工业（商业）洁净化学用品一般都不应使用。特别是在除去锈皮时绝对不能使用化学洁净用品。如果在使用中性洗涤剂清洁后，污渍和锈迹还存在，可以在某个污渍处先用工业化学洁净用品进行试验。如果表面涂层确保不会发生不正常变化，方可推广使用。

3.3.3 维护和清洁注意事项

（1）冷轧不锈钢板屋面

a）污渍和锈蚀的原因及状态，取决于个自不同的境况，最好是根据实际情况分别采取最合适的维护和清洁方法。

b）使用化学清洁剂清除污渍和锈蚀时，清洁效果应事先进行局部表面试验予以确保。如果效果好，则可以开始清洁工作。不仅污渍和锈蚀处要进行清洁，周边部位也应尽可能进行清洁。如果表面不是全部都清洁了，则外观看上去会很凌乱，造成表面色泽分布很不均匀。

c）使用化学洗涤品后应采用足够多的水进行表面冲洗，以便除掉化学残留物。如果任其留下，则会成为新锈蚀发生的诱因。此外，有些化学品会引起皮肤病，所以工作时要带橡胶手套。

d）清洁工具如布、天然海绵、尼龙海绵以及擦洗刷，使用时应沿着抛光方向走。如果沿圆周进行擦洗，则很难除污且外观难看。

此外，使用带颗粒物的清洁剂或砂纸是绝对不允许的，除非是在除掉重度污垢的情况下，因为重度污垢已经破坏了不锈钢表面膜层，而且让钢粉末附着，从而引起锈蚀的发生。

（2）涂层不锈钢板屋面和化学着色不锈钢板屋面

a）酸性或碱性洗涤剂如盐酸、硝酸、地砖清洁泡沫剂以及氢氧化钠都不应使用。如果用了，会褪色。

b）除中性洗涤剂外的所有工业（商业）洁净化学用品一般都不应使用。特别在除去锈皮时，绝对不能使用化学洁净用品。如果在使用中性洗涤剂清洁后污渍和锈迹还存在，可以在某个污渍处先用工业洁净化学用品进行试验。如果表面涂层确保不发生非正常变化，才可以推广使用。

第二章

不锈钢板屋面的构建方法

本章着重介绍不锈钢板屋面使用的各种板材及构配件的科学构建方法（译注：此构建方法与中国建筑行业内所讲的构造设计具有相同的含义）。由于不锈钢板的力学性能与各种常规镀锌钢板没有什么不同，所以不锈钢板的构建方法与镀锌钢板的构建方法几乎没有多大差别。

因此，屋面构建方法的介绍，主要视角放在确定各种构配件都需要什么样的不锈钢材质，这些构配件是用来将屋面板固定在屋面支承构件上的。至于每个构配件抵抗大风所需要的尺寸规格，本章一般情况下不会涉及，要了解详细情况，得查阅"钢板屋面构法标准"。

本章第1节所用的构配件，说明了第2节及以后各章节所提及的各种屋面构造和天沟构造所选用构配件的不锈钢牌号。但，仍然要参阅第1章，以便在各种可能的牌号中选择令人满意的、性价比高的不锈钢材料。

本章示图中颜色为"红色"者指不锈钢材料。此外，柏木（日本柏木）常常作为推荐材料，这是因为它几乎不老化，是相较不锈钢与其他木材一起使用时耐久性不好而言的。当然，其他木材如果比柏木具有更好的耐久性能和更高的强度，当然可以使用，即使推荐了柏木也不妨碍设计者另行选择。

化学物质如碳酸常常在木材防腐处理中使用，这些化学物会腐蚀不锈钢，故不得使用已经碳酸防腐处理的木材。

1. 各种构配件

第1章2.1中提及的4种不锈钢板材，用于压型不锈钢屋面板和平板咬合不锈钢屋面板。本节则介绍不锈钢板屋面构建方法中需要用到的各种构配件。

1.1 压型不锈钢板屋面构配件

用于压型不锈钢板屋面的构配件应按照表2.1和图2.1进行选取。

1.2 不锈钢平板屋面构配件

用于平板咬合不锈钢板屋面的构配件应按照表2.2进行选取。

压型不锈钢板屋面构配件 表 2.1

构配件名称	所用牌号示例	表面处理	力学性能	备注
固定螺栓 连接螺栓	SUS 430 SUS 304 SUS 305 SUS 305J1 SUS 316 SUS XM7		等效于 4T	
固定螺母 连接螺母	同上		同上	
防水固定垫圈 防水连接垫圈 连接平垫圈	同上			
固定密封垫圈 连接密封垫圈	氯丁橡胶			
固定支架	SPHC 热轧低碳钢板 SPCC 冷轧低碳钢板	（热镀锌） HDZ40 及以上	抗拉强度 280 N/mm² 及以上	正常环境条件 下使用
	SUS430 SUS304 SUS316			腐蚀环境条 件下使用
固定用金属配件	同上			与屋面板牌号相同
檐口堵头板 屋脊堵头板 屋脊盖板 挡水板 檐口装饰板	同上			同上
防止横向变形件	同上			同上
山墙悬挑、包边板 等支承骨架	同上			JIS G 4317"热 轧等肢不锈 钢角钢"等
小螺栓用小螺母	与固定螺栓相同			
小螺栓用垫圈 小螺栓用防水垫圈	与固定垫圈相同			
不定型密封胶	硅酮类			符合 JIS A 5755
定型密封带	氯丁橡胶			
拉铆钉	SUS 305			盲孔

平板咬合屋面构配件 表 2.2

零部件名称	所用牌号示例	力学性能	备注
小螺栓	SUS 430 SUS 304 SUS 305 SUS 305J1 SUS 316 SUS XM 7		

零部件名称	所用牌号示例	力学性能	备注
螺母	同上		
平垫圈	SUS 430 SUS 304 SUS 316		
密封垫圈	氯丁橡胶		
钩头螺栓	SUS 430 SUS 304 SUS 305 SUS 305J1 SUS 316 SUS XM 7	允许抗拉力 见表2.5	螺母与小螺丝的螺母相同
龟背形垫圈	SUS 430 SUS 304 SUS 316		用于小波纹屋面板上
钉子	SUS 304		
拉铆钉	SUS 305		盲孔
自攻螺钉	SUS 410 SUS 430		包括带防腐帽的螺钉
枕垫	SUS 304 或工程塑料		
衬垫材料	油毡,重量不小于 17kg/卷		
软焊料	锡含量 60%～65%		JIS 3282,H60S～H65S
不定型密封胶	硅酮类		JIS A 5755
定型密封带	氯丁橡胶		
檐口堵头	氯丁橡胶		包括泡沫塑料替代品
连接件			按构建方法定制

1.3 不同牌号不锈钢板的匹配使用

由于不同牌号不锈钢之间的电势差远小于不同金属间的电势差(如不锈钢与低碳钢间、不锈钢与铜间以及不锈钢与铝间等),涉及电势差引起的强度问题很少见。

然而,电势差引起的红锈问题有可能出现,取决于不同牌号不锈钢的匹配方法。选择屋面材料和构配件时应考虑以下几点:

(1) 最好全部使用同一牌号不锈钢;

(2) 选择了不同牌号时,最好在具有同样金相结构的不锈钢中进行匹配。

表2.1和表2.2中各牌号不锈钢的金相结构如表2.3所示:

构配件常用不锈钢牌号对应的金相结构 表 2.3

金相结构	牌 号
马氏体结构	SUS 410
铁素体结构	SUS 430
奥氏体结构	SUS 304,SUS 316,SUS 305,SUS 305J1,SUS XM7

（3）不同金相结构材质组合使用时，面积小的构配件，其强度应比面积大的强度要高。不锈钢的强度高低次序，粗略排列如下：

奥氏体型—————铁素体型—————马氏体型

高强度←————————————————→低强度

SUS 316 ————— SUS 430 ————— SUS 410

SUS 305

SUS 305JI

SUS 304

SUS XM7

（4）不同金相结构的牌号一起使用时，最好进行防电化腐蚀处理。比如，在小构配件上涂漆并加隔衬材料，尤其强度比大构配件的强度低的时候。

用于固定不锈钢屋面板的紧固件如螺钉和螺栓，为屋面提供屋面强度和整体性，由于可用来加工的不锈钢牌号在很多情况是有限的，所以选择上述材料时应特别仔细。

考虑防腐性能，推荐上述屋面板牌号和紧固件牌号的匹配如表 2.4 所示：

屋面板和紧固件的牌号匹配 表 2.4

屋面板牌号	螺丝和螺栓牌号	
	可用的牌号	考虑腐蚀控制采用牌号
SUS 304,SUS 316	SUS 304,SUS 316,SUS 305 SUS 305J1, SUS XM7	SUS 430,SUS 410
SUS 430	SUS 304,SUS 316,SUS 305 SUS 305J1,SUS XM7,SUS 430	SUS 410

不锈钢的力学性能如附录三所示，不锈钢螺栓的力学性能各制造厂家不尽相同，缘于缺乏统一的标准。因此，使用不锈钢螺栓时，必须保证其力学性能符合规定要求，并在安装中能建立起所需的紧固作用。

勾头螺栓应具有比表 2.5 更高的允许抗拉力，并且其屈服强度应大于 1/3 的抗拉强度。

压型不锈钢板屋面构配件的形状如图 2.1 和图 2.2 所示，图 2.3 表示使用这些构配件的所在部位。

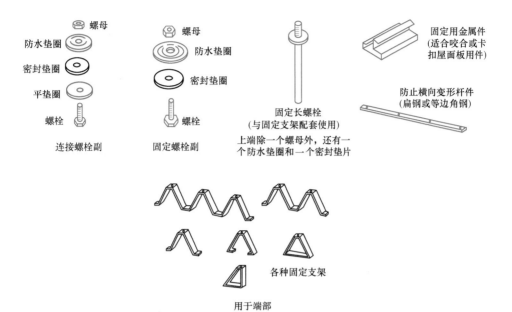

图 2.1 压型不锈钢板屋面用固定连接件示例

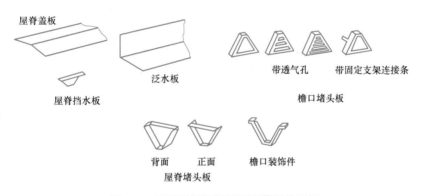

图 2.2 压型不锈钢板屋面用薄板件示例

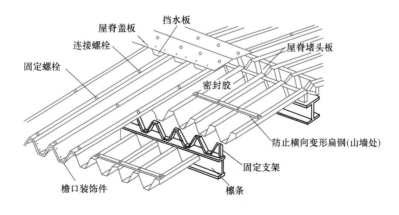

图 2.3 构配件使用部位示例（一）

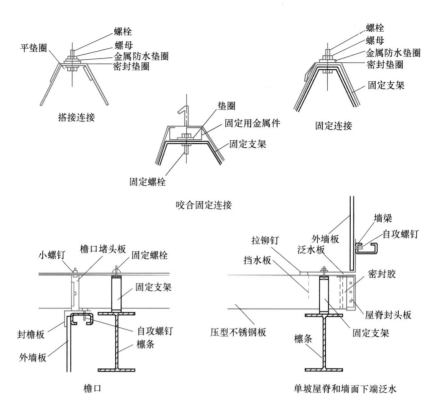

图 2.3　构配件使用部位示例（二）

<table>
<tr><th colspan="6">各种形状钩头螺栓允许抗拉力（N/每个螺栓）</th></tr>
</table>

表 2.5

钩头螺栓类型 螺栓直径	角形钩头螺栓	管形螺栓	管形螺栓	槽形螺栓	L 形钩头螺栓
M6	400	70	120	270	850
M5（参考）	300	—	—	—	—

图 2.4 和图 2.5 分别表示了平板咬合屋面及小波纹板屋面的构配件是如何使用的。平板咬合屋面和小波纹板屋面的构配件简要示于表 2.6 和图 2.6 中。

平板、小波纹屋面构建方法用构配件　　　　　　　　　　　　　表 2.6

构建方法 构配件名称	有芯木带楞屋面	无芯木带楞屋面 （间隔固定）	无芯木带楞屋面 （连续固定）	立边咬合屋面	榫形连接屋面	小波纹板屋面
槽形固定件	○	○	○	○	○	×
封檐板	○	○	○	○	○	×

续表

构建方法 构配件名称	有芯木带 楞屋面	无芯木带 楞屋面 （间隔固定）	无芯木带 楞屋面 （连续固定）	立边咬 合屋面	榫形连 接屋面	小波纹 板屋面
封头板	○	○	○	×	×	×
堵头板	×	×	×	×	×	○
山墙包边板	△	△	△	△	△	△
屋脊盖板	△	△	△	△	△	△
泛水板	△	△	△	△	△	△

○：必需用构配件；△：依情况而定是否使用；×：不用

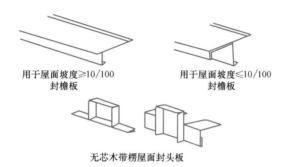

用于屋面坡度≥10/100
封檐板　　　用于屋面坡度≤10/100
封檐板

无芯木带楞屋面封头板

图 2.4　平板铺设屋面构配件

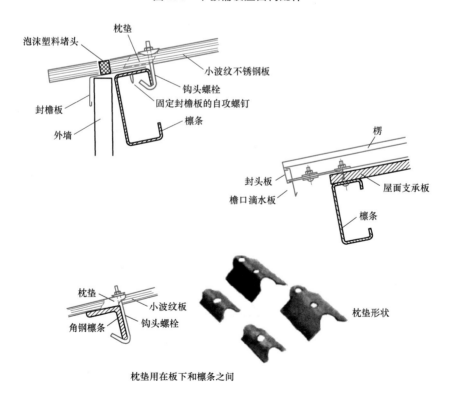

枕垫用在板下和檩条之间

图 2.5　平板铺设和小波纹板屋面的构配件使用示例（一）

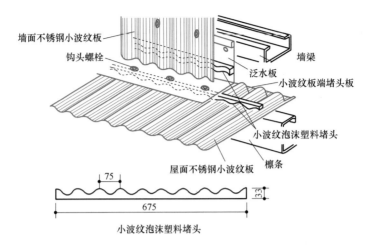

图 2.5 平板铺设和小波纹板屋面的构配件使用示例（二）

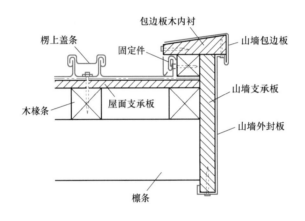

山墙包边构造示例

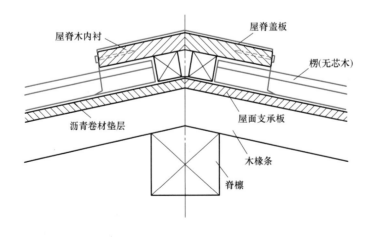

屋脊盖板构造示例

图 2.6 平板铺设与压型板屋面构配件使用示例（一）

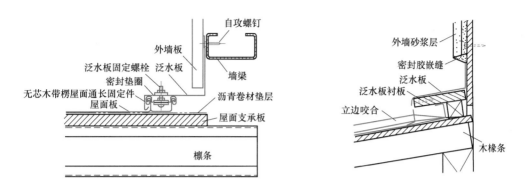

屋面与纵墙泛水板构造示例

图 2.6　平板铺设与压型板屋面构配件使用示例（二）

2. 压型不锈钢板屋面

压型不锈钢板屋面应按钢板屋面标准的要求进行设计和施工。以下根据屋面各部位的装配要求，详细说明屋面板、构配件、紧固件的使用情况。

2.1　檐口

见图 2.7。

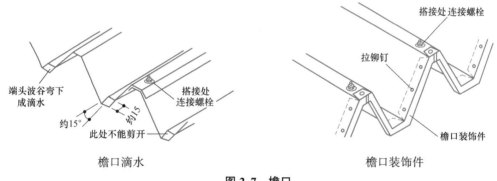

檐口滴水　　　　　　　　　　　檐口装饰件

图 2.7　檐口

2.2　天沟落水口

应使用圆形落水口，不应使用长方形和正方形落水口。如果一个落水口不够，则应装两个落水口，见图 2.8。

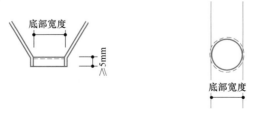

图 2.8　天沟落水口

2.3 檐口堵头板

见图 2.9。

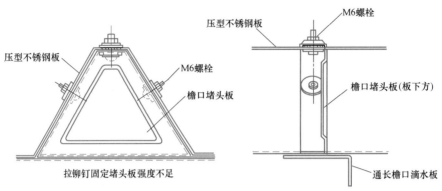

图 2.9 檐口堵头板

2.4 山墙封边

山墙封边加强做法有两种：一种是使用阻止横向变形件或减小连接螺间距来加强山墙处压型不锈钢板的边部，另一种是使用山墙包边板加强，后者要沿山墙方向在屋面檩条端部设附加沿坡的山墙檩，再在附加山墙檩上放置端部固定支架。可分别见图 2.10、图 2.11 和图 2.12。

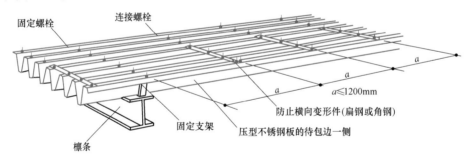

图 2.10 用防止横向变形件加强

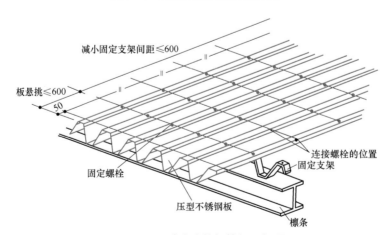

图 2.11 用减小连接螺栓间距加强

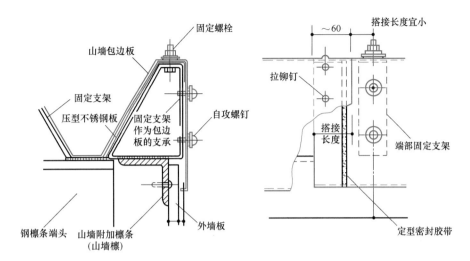

图 2.12　用山墙固定支架上的包边板加强

2.5　坡度上方板端堵头板

通常采用插入式板端堵头板，也可采用拉铆钉固定的板端堵头板，详见图 2.13 和图 2.14 做法。

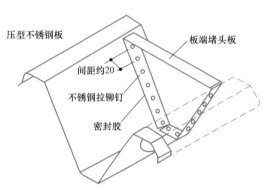

图 2.13　板端堵头在板端上面用拉铆钉固定

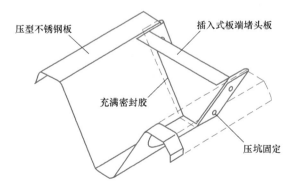

图 2.14　插入式板端堵头板用压坑固定（一）

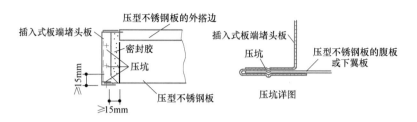

图 2.14 插入式板端堵头板用压坑固定（二）

2.6 屋脊

屋脊应在板端堵头板安装完成后用屋脊盖板封盖，构造见图 2.15。采用插入式挡水板的屋脊做法，比挡水板直接装在不锈钢压型板上的做法更常用（图 2.16）。

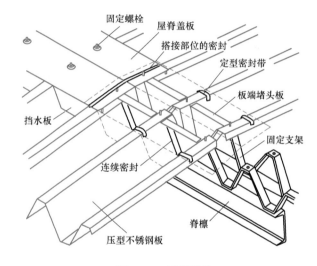

图 2.15 屋脊构造

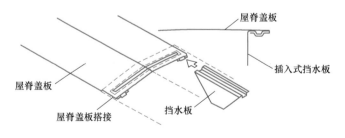

图 2.16 挡水板插入屋脊盖板下方

对于单坡屋脊，采用如图 2.17 包脊盖板做法。

当屋面坡度特别小时，可以采用类似于檐口的做法。此情况下，设法让雨水不得与屋面板下表面接触。

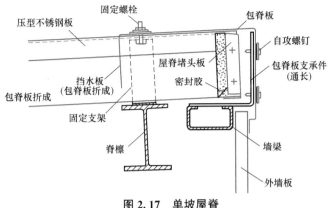

图 2.17　单坡屋脊

2.7　单坡屋脊与纵墙泛水

可见图 2.18 所示。

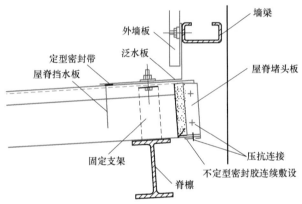

图 2.18　单坡屋脊与纵墙泛水

2.8　顺坡泛水

可见图 2.19 所示。

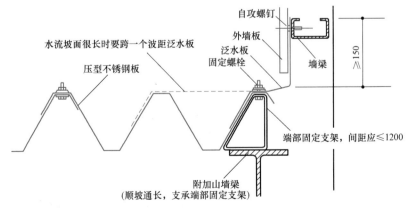

图 2.19　顺坡泛水

3. 无芯木带楞屋面之一（间隔固定件）

译注：为了与压型不锈钢板屋面构建方法相区别，第3至第9的构建方法均属于平板铺设的屋面类型，共同特点是不锈钢屋面板下需设置屋面支承板以承受向下作用的荷载，向上作用的荷载则由不锈钢板承受，并通过按构建方法要求的固定件传递到椽条或檩条上。

3.1 标准构建方法和组成部件

标准构建方法和组成部件如图2.20所示。

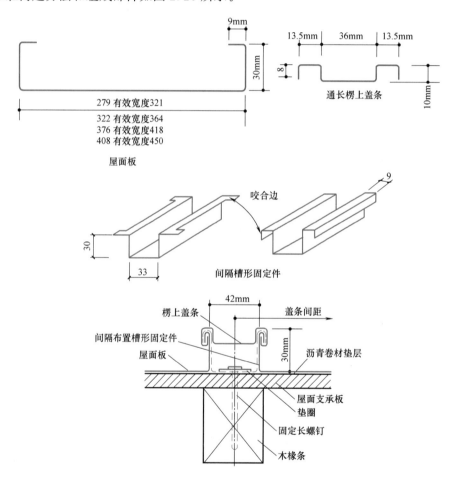

图2.20 无芯木带楞屋面构建方法
（间隔布置槽形固定件）

3.2 檐口

图2.21表示此处安装所需檐口封头板、封檐板和支承板等之间互相关系。

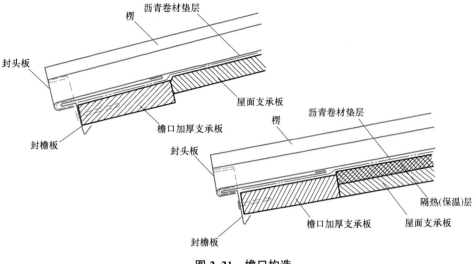

图 2.21 檐口构造

3.3 山墙封边

封边板的长度、槽型固定件及带愣间距都应遵照"钢板屋面构建方法标准"的规定设计，做法参见图 2.22 和图 2.23。

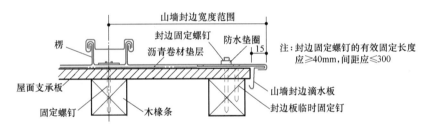

图 2.22 山墙封边

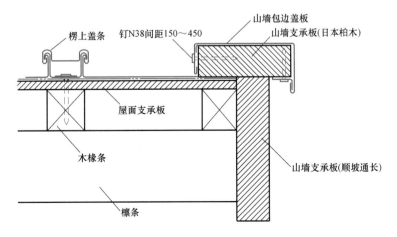

图 2.23 山墙包边

3.4 屋脊

用于双坡屋脊和单坡屋脊的构造方法分别如图 2.24 和图 2.25。

屋脊盖板下面无支承板的构建方法，见 4. 无芯木带楞屋面之二（连续固定件）。

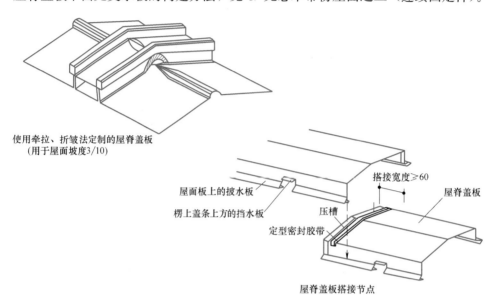

使用牵拉、折皱法定制的屋脊盖板
（用于屋面坡度3/10）

屋面板上的拔水板
楞上盖条上方的挡水板
定型密封胶带

搭接宽度≥60
屋脊盖板
压槽

屋脊盖板搭接节点

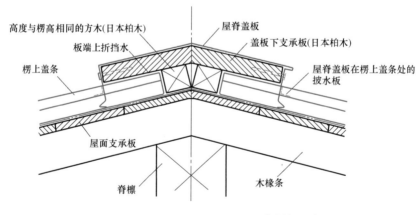

高度与楞高相同的方木(日本柏木)
板端上折挡水
楞上盖条

屋脊盖板
盖板下支承板(日本柏木)
屋脊盖板在楞上盖条处的拔水板

屋面支承板

脊檩
木椽条

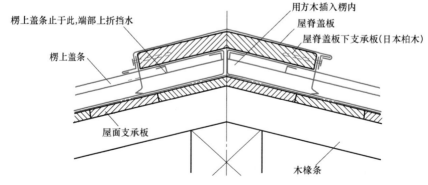

楞上盖条止于此,端部上折挡水
楞上盖条

用方木插入楞内
屋脊盖板
屋脊盖板下支承板(日本柏木)

屋面支承板

木椽条

图 2.24 双坡屋脊

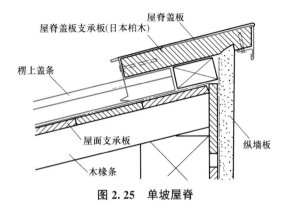

图 2.25　单坡屋脊

3.5　高低跨泛水

如图 2.6 所示。

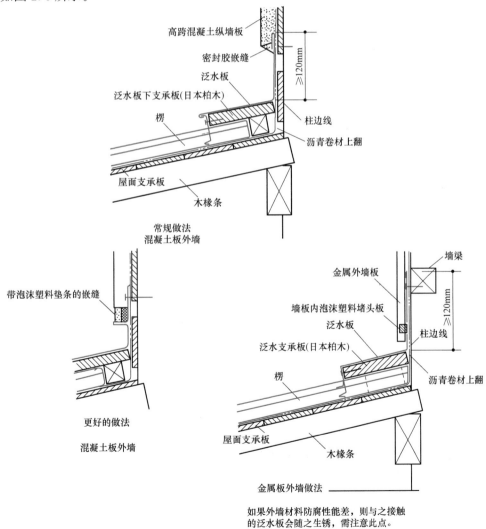

图 2.26　高低跨处泛水

3.6 顺坡泛水

如图 2.27 和图 2.28 所示。

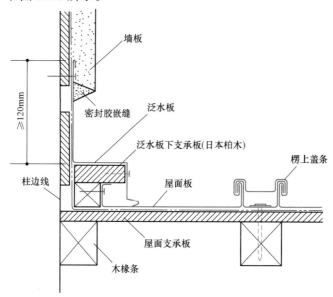

图 2.27 顺坡泛水做法一：设泛水板

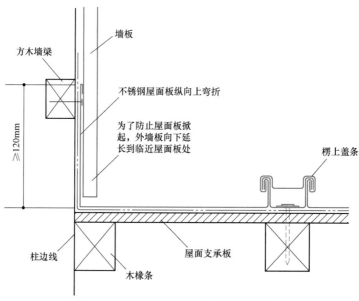

图 2.28 顺坡泛水做法二：屋面板纵向上弯折

4. 无芯木带楞屋面之二（连续固定件）

4.1 标准构建方法和组成部件

无芯木带楞屋面（连续固定件）标准构建方法和组成部件如图 2.29 所示，其中屋面板和通长楞上盖条断面与图 2.20 相同。

楞上盖条间距、悬挑长度、檩距和山墙封边尺寸都应符合"钢板屋面构建法标准"规定。

楞上盖条的间距（有效宽度）分别为 321、364、418 和 450mm。

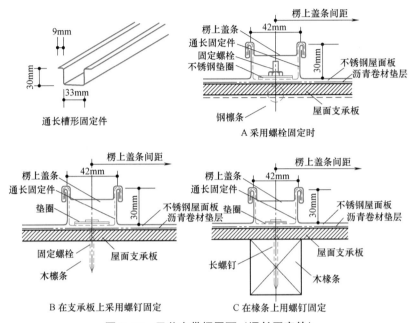

图 2.29 无芯木带楞屋面（通长固定件）

4.2 檐口

图 2.30 表示檐口构造。

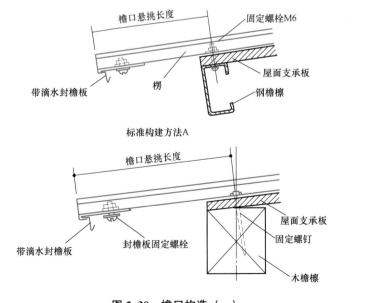

图 2.30 檐口构造（一）

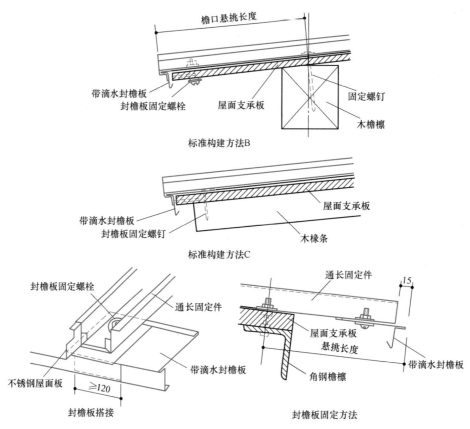

图 2.30 檐口构造（二）

4.3 山墙封边

图 2.31 表示如何安装山墙封边板，与标准做法相似。

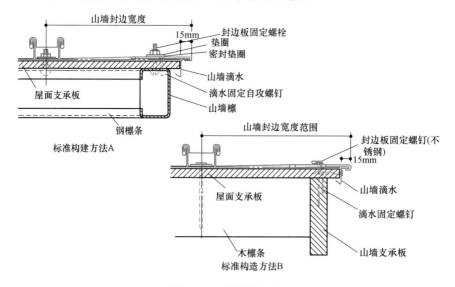

图 2.31 山墙构造（一）

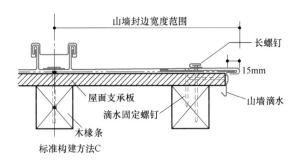

图 2.31 山墙构造（二）

4.4 屋脊

屋脊构造见图 2.32。

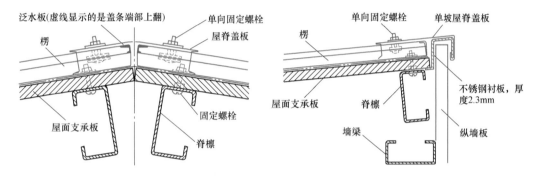

图 2.32 屋脊构造

4.5 高低跨泛水

高低跨泛水构造见图 2.33。

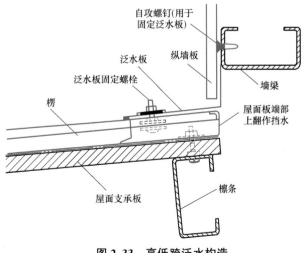

图 2.33 高低跨泛水构造

4.6 顺坡泛水

顺坡泛水构造见图 2.34 所示。

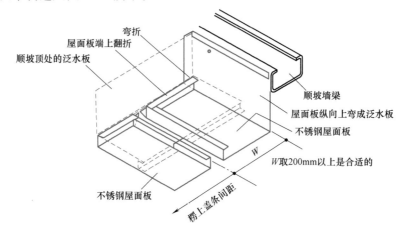

不锈钢屋面板顺坡端部上翻折起挡水构造

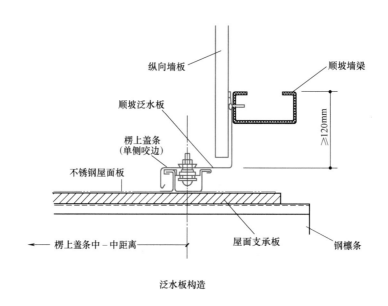

泛水板构造

图 2.34 屋面顺坡方向泛水板构造

5. 立边咬合屋面和榫接屋面

5.1 标准构建方法和组成部件

立边咬合屋面和榫接屋面的标准构建方法及组成部件见图 2.35。

屋面板厚度、固定件的间距和封边宽度都应符合"钢板屋面构建法标准"规定。

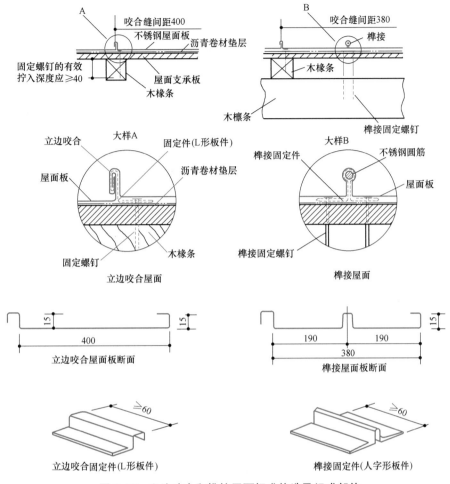

图 2.35 立边咬合和榫接层面标准构造及组成部件

5.2 檐口

图 2.36 和 2.37 分别表示立边咬合屋面和榫接屋面檐口构建方法。

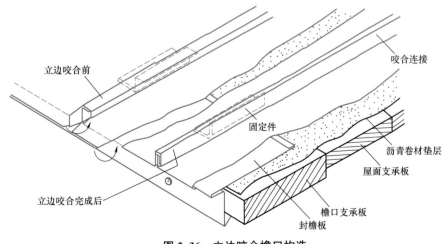

图 2.36 立边咬合檐口构造

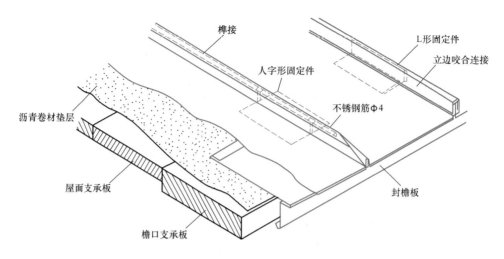

图 2.37 榫接节点檐口构造

5.3 山墙封边

图 2.38 表示山墙封边构造。

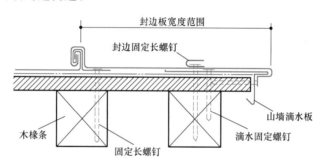

图 2.38 山墙封边构造

5.4 屋脊

图 2.39 和图 2.40 表示屋脊构造。

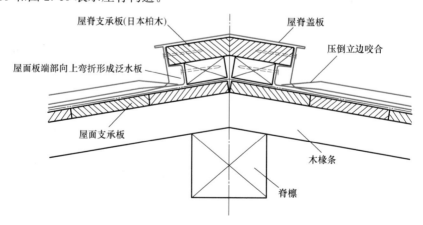

图 2.39 双坡屋脊构造及压倒立边咬合 (一)

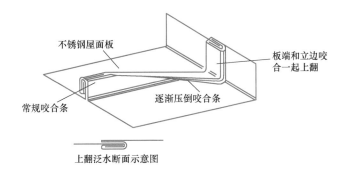

图 2.39 双坡屋脊构造及压倒立边咬合（二）

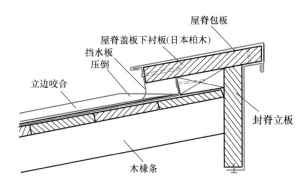

图 2.40 单坡屋脊构造

5.5 高低跨泛水

做法如图 2.41。

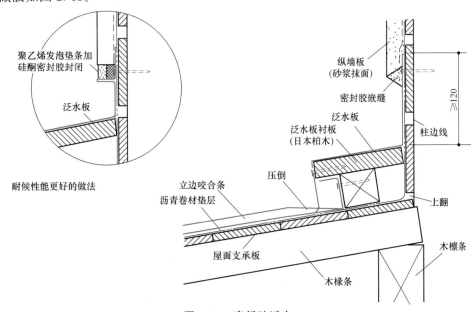

图 2.41 高低跨泛水

5.6 顺坡泛水

做法如图 2.42。

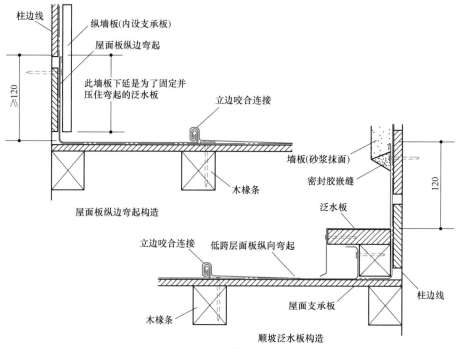

图 2.42 顺坡泛水

6. 小波纹不锈钢板屋面

6.1 标准构建方法和组成部件

悬挑长度、屋面板厚度、檩距和固定螺栓的数量都应符合"钢板屋面构建法标准"，见图 2.43。

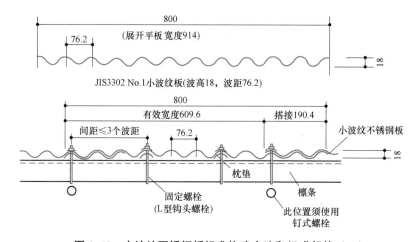

图 2.43 小波纹不锈钢板标准构建方法和组成部件（一）

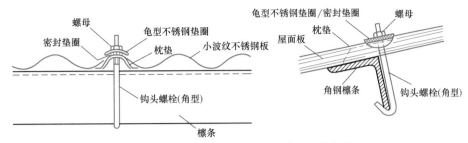

图 2.43　小波纹不锈钢板标准构建方法和组成部件（二）

6.2　檐口

图 2.44 表示小波纹不锈钢板屋面檐口构造。

可在檐口下方放置一根较厚的 C 型钢檐檩（通常 2.3mm 或更厚）以防止变形。

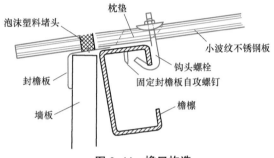

图 2.44　檐口构造

6.3　山墙封边

构造见图 2.45 所示。

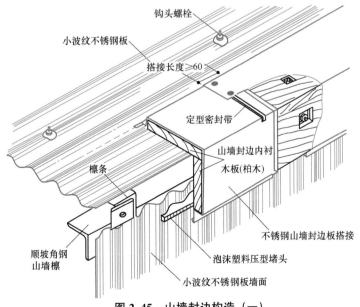

图 2.45　山墙封边构造（一）

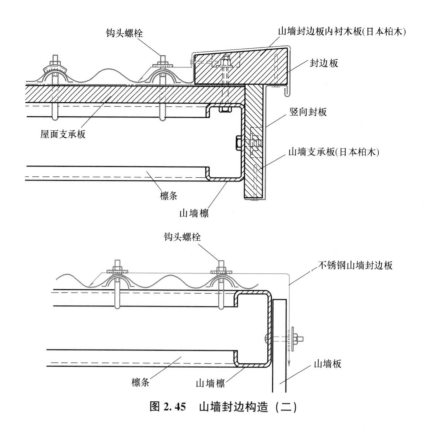

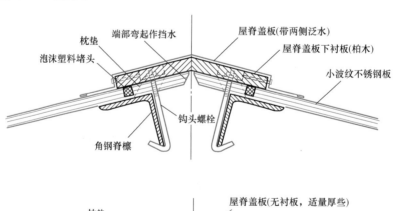

图 2.45　山墙封边构造（二）

6.4　屋脊

构造见图 2.46 所示。

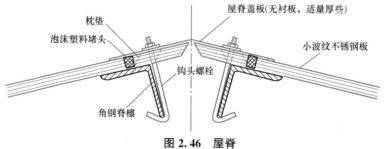

图 2.46　屋脊

6.5　高低跨泛水

构造见图 2.47 所示。

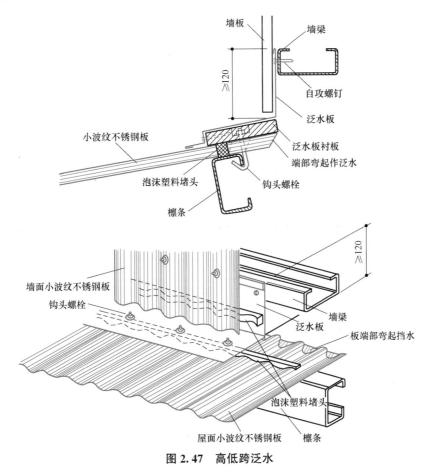

图 2.47　高低跨泛水

6.6　顺坡泛水

构造见图 2.48 所示。

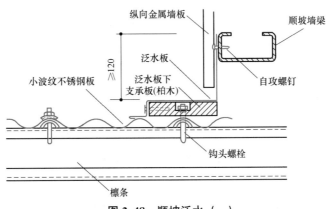

图 2.48　顺坡泛水（一）

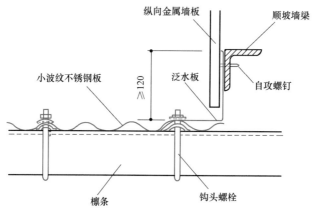

图 2.48　顺坡泛水（二）

7. 横铺板屋面（荷兰式钩接缝屋面）

7.1　不锈钢横铺板屋面的来源

在所有的不锈钢板中，SUS 304 的线胀系数几乎与铜板的相同，因此，不锈钢横铺屋面板应与横铺铜板的尺寸差不多相同。如果不锈钢的尺寸比铜板大，则温度变化时会产生拱起。

使用 0.3 或 0.35mm 厚的不锈钢板时，工程施工较易实施、从而有望获得成功。

7.2　屋面板

有两种横铺屋面板搭接方式：横钩缝式和爪挂式。两种屋面板的形状如下两图所示。

图中所表示的屋面板接缝大小为标准尺寸，可以根据不同的地方习惯和板的大小，选用不同的尺寸。

（1）横钩缝式屋面

横钩缝式屋面的屋面板如图 2.49 所示，上下为折边钩接。

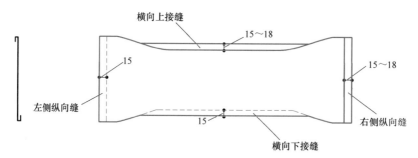

图 2.49　横缝固定式屋面板

（2）爪挂式屋面

爪挂式屋面的屋面板如图 2.50 所示，上下搭接处呈台阶状，高差≥18。

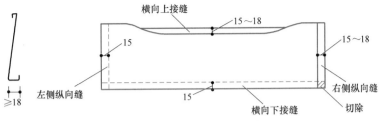

图 2.50 爪挂固定式屋面板

7.3 屋面构建方法

作为横铺板式屋面的例子，图 2.51 表示横钩缝式屋面板由下顺坡向上的铺设方法。

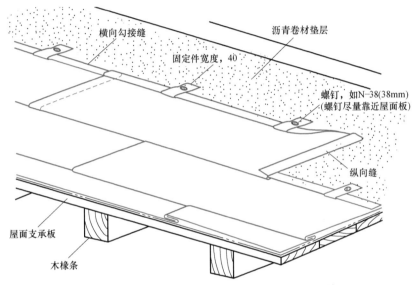

图 2.51 横铺式搭接屋面透视图（横钩缝固定屋面及铺设）

7.4 檐口

图 2.52 表示了多种檐口构造。

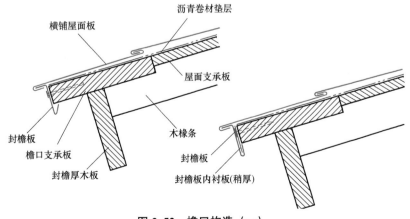

图 2.52 檐口构造（一）

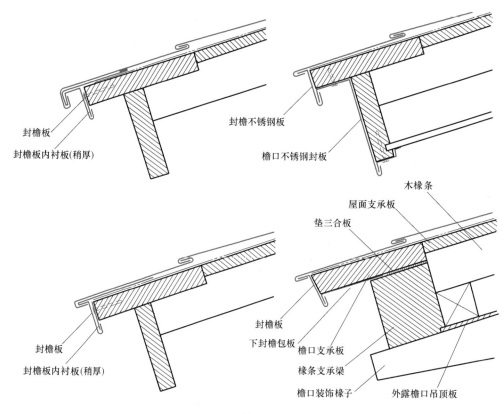

封檐板
封檐板内衬板(稍厚)
封檐不锈钢板
檐口不锈钢封板

木椽条
屋面支承板
垫三合板
封檐板
下封檐包板
檐口支承板
椽条支承梁
檐口装饰椽子
外露檐口吊顶板
封檐板
封檐板内衬板(稍厚)

图 2.52　檐口构造（二）

7.5　山墙封边

山墙封边构造应与檐口封边构造基本一致。

7.6　屋脊

图 2.53 表示了两种屋脊的构造，后一种是将屋脊升高。

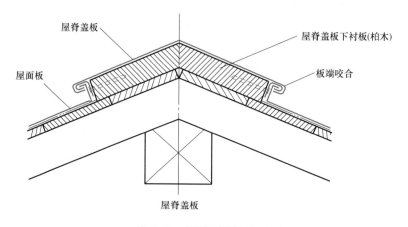

屋脊盖板
屋脊盖板下衬板(柏木)
屋面板
板端咬合
屋脊盖板

图 2.53　双坡屋脊构造（一）

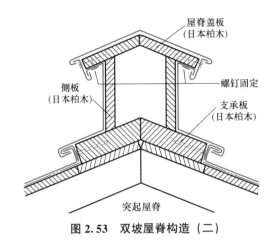

图 2.53　双坡屋脊构造（二）

7.7　高低跨泛水

图 2.54 表示高低跨泛水构造。高低跨泛水板与顺坡泛水板设置方法相类似。

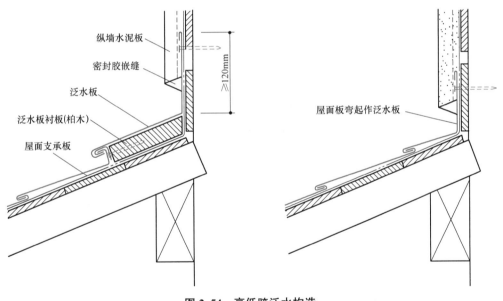

图 2.54　高低跨泛水构造

8. 有芯木带楞屋面

8.1　标准构建方法

有芯木带楞屋面标准构建方法如图 2.55 所示。

所有尺寸，如楞间距、山墙包边长度、固定螺丝间距以及芯木固定螺丝间距等，都应符合"钢板屋面构建法标准"的相关规定。

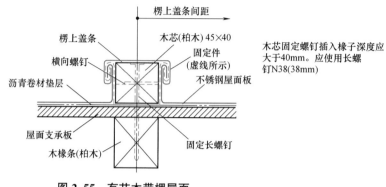

图 2.55　有芯木带楞屋面

8.2　檐口

图 2.56 和图 2.57 两个示例，表示檐口的构造。

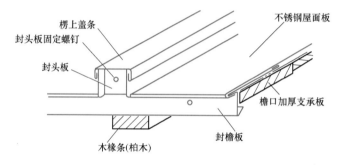

图 2.56　檐口构造一

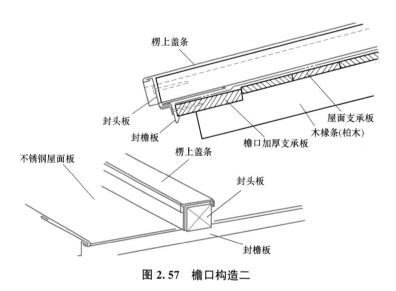

图 2.57　檐口构造二

8.3　山墙封边

图 2.58 和图 2.59 表示山墙封边构造。

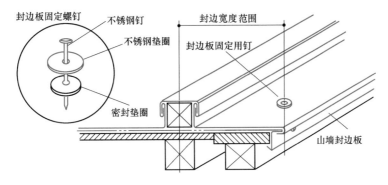

图 2.58　山墙封边构造一

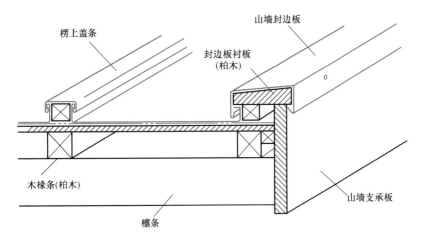

图 2.59　山墙封边构造二

8.4　屋脊

图 2.60 表示屋脊构造。

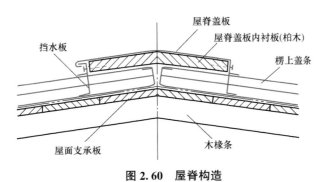

图 2.60　屋脊构造

8.5　高低跨泛水

图 2.61 表示高低跨泛水构造。屋面板端弯折成堵头挡水板的做法表示于图 2.62。

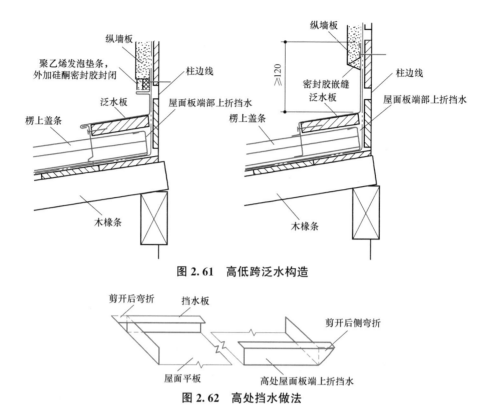

图 2.61 高低跨泛水构造

图 2.62 高处挡水做法

8.6 顺坡泛水

图 2.63 表示顺坡泛水构造。

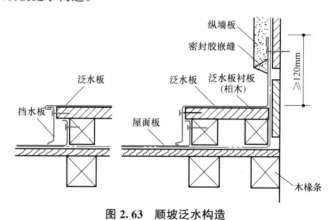

图 2.63 顺坡泛水构造

9. 焊接不锈钢板屋面

9.1 构建方法概述

这是一种专利构建方法,通过连续焊缝将不锈钢屋面板连接成整体。由于采用连续焊缝，可以取得良好的防水性能和气密性能，因此，可用于任何坡度的屋面。

另一方面，这种构造受温度变化的影响较大，故而应采取特殊的措施，比如，设置温度缝。屋面支承板的构造与通常的立边咬合屋面基本一样，依支承板情况和是否设有隔热材料，即使有点不同，屋面板都是通过 L 形固定件固定在钢檩条上方。使用点焊机先将屋面板和固定件点焊固定。

屋面板成形时，要使焊接部位直立，再用小型移动式焊机进行焊接。连续焊接过程中，应检查确认每项工作都符合焊接技术规定。屋脊、檐口封边泛水板及山墙封边板等的构造几乎与带楞盖条屋面相同。如果屋面上有突出物，则有必要使用特殊部件的焊机。

9.2 焊机种类

对于焊接屋面，除通用的金属屋面所必备的工具外，还必须有以下几种焊机：

a）点焊机

用于屋面板和 L 形固定件点焊固定。

b）行进式焊机（电源：AC 交流，局部 DC 直流；单相或三相；220V；10～45kVA）

该焊机用于焊接屋面板间的连续焊缝，在屋面上可自如操作，有专用电缆和水冷软管。

c）特殊部件焊机

此焊机用于特殊部件，如屋面突出部位。当焊接工作完成后检查发现有某些缺陷时，可用此焊机进行手工修理，也可用此焊机进行局限部位的焊接。

9.3 五种焊接工艺

（1）P&P 焊接工艺

P&P 焊接工艺由日本不锈钢株式会社发明，P&P 是英语"permanent（永久），perfect（完美）"两词首字母的简称。

（a）焊接顺序概要见图 2.64

应先将 L 形固定件和一侧屋面板立边的上端进行点焊连接，点焊位置在连续焊缝的上方。然后将 L 形固定件另一侧的屋面板立边靠紧固定件，再用行进式焊机进行连续缝焊接。此焊缝穿透固定件，将两侧立边及固定件立板三者焊接成整体。最后，应在焊接完成后的立边顶上设置盖缝条。

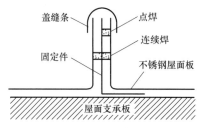

图 2.64 P&P 焊接顺序

（b）焊接部位板材使用条件

P&P 焊接工艺可以焊接全涂层板材（涂层不锈钢板），这是因为导电的不锈钢颗粒混合于树脂涂层材料中了。点焊和连续缝焊都可以实现。

（2）R-T 焊接工艺

R-T 焊接工艺由瑞典 Rostfria-Tak 公司（R-T Corp.）发明，1980 年由日本山口金属工业株式会社引进。

（a）焊接顺序概要见图 2.65

应先将 L 形固定件和一侧屋面板立边的上端进行点焊连接，点焊位置在连续焊缝的上方。然后将 L 形固定件另一侧的屋面板立边靠紧固定件，再用行进式焊机进行连续缝焊接。此焊缝穿透固定件，将两侧屋面板立边及固定件立边三者连接成整体。最后，用咬边机将点焊部位及附近部位一起弯折向下。

（b）焊接部位板材使用条件

可用两种板材：一种是无涂层冷轧不锈钢板，焊接后涂漆；另一种是焊接前为具有导电性的涂层不锈钢板。

（3）SG 焊接工艺

SG 焊接工艺由日本金属工业株式会社 1983 年研发，获 Hokkaido 金属防水集团资助。SG 是英语 "seam guard" 两词首字母的简称。

（a）焊接顺序概要见图 2.66

首先应将 L 形固定件与左边屋面板的右侧立边进行连续缝焊，再将右边屋面板的左侧立边进行弯折并与左边屋面板的右侧立边形成搭接，然后进行三板的连续缝焊的焊接。

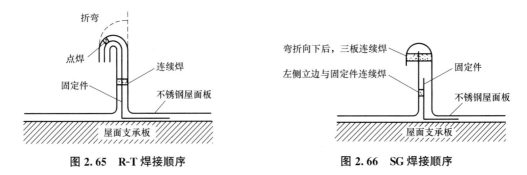

图 2.65　R-T 焊接顺序　　　　　　　图 2.66　SG 焊接顺序

（b）焊接部位板材使用条件

焊接部位的材料为冷轧不锈钢板，防腐涂漆工序应在焊接完成后进行。

（4）NZ 焊接工艺见图 2.67

NZ 焊接工艺由日本冶金工业株式会社（NipponYakin Kogyo Co.，Ltd）和全日本金属板业联合会（Zenkoku Bankin Kogyo Rengokai）共同研发，NZ 是这两个公司的第一个字母的缩写。

（a）焊接顺序概要

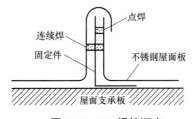

图 2.67　NZ 焊接顺序

首先应将 L 形固定件与右边屋面板左侧立边在板端部进行点焊，再将左边屋面板右侧立边弯折并与右边屋面板左侧立边形成搭接，然后，在比点焊位置低的下方实施穿透固定件立板的连续缝焊焊接，该焊缝的位置应比点焊的位置低。

（b）焊接部位板材使用条件

焊接部位的材料为无涂层冷轧不锈钢板，应在焊接完成后进行补涂防锈漆。

（5）RSW 焊接工艺见图 2.68

RSW 焊接工艺由日本 KAWASAKI 钢铁集团 1982 年研发。RSW 是英语 "River（河流）Seam（缝）Welding（焊接）"三词首字母的缩写。

（a）焊接顺序概要

应先将相邻屋面板的立边靠近上端部进行点焊，再将高立边板弯折与左侧的低立边板咬合。最后，应在位置低于点焊部位进行穿透"倒 T 形"固定件的连续缝焊。

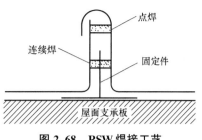

图 2.68　RSW 焊接工艺

（b）焊接部位板材使用条件

有两种材料均可用：一种是焊接无涂层的冷轧不锈钢板，另一种是焊接有涂层不锈钢板。

10. 不锈钢天沟

10.1　半圆形天沟

半圆形天沟的横截面和节点如图 2.69 所示。天沟端头的封头做法如图 2.70 所示。

通常在接头处进行焊接，但对于不锈钢天沟，很多焊接接头常因焊缝开裂而被拉断。所以改为采用密封胶带嵌缝防水，并用拉铆钉连接的搭接做法。

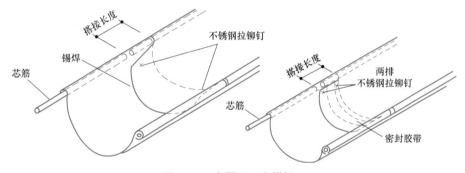

图 2.69　半圆形天沟搭接

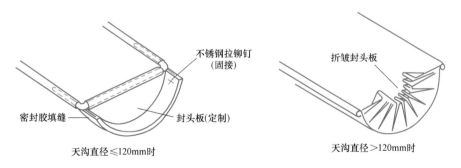

图 2.70　天沟端部封头做法

檐沟放在金属支架里，图 2.71 给出了几种扁钢支架的样式，都为不锈钢材质。如果用手工打造或焊接加工，则需要使用钝态处理材料，例如经过退火或酸洗处理过的材料。

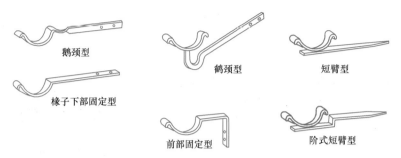

图 2.71　半圆形天沟用扁钢支托架样式

檐沟的安装方式依据所在地区雪量的大小会略有不同，图 2.72 显示半圆形檐沟相对屋面的位置的不同。

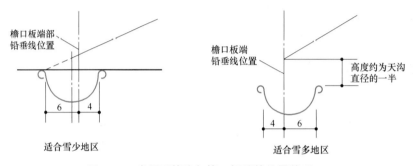

图 2.72　半圆形檐沟与檐口板端的位置关系

10.2　槽形檐沟

单个槽形檐沟示于图 2.73。还有将半圆形檐沟放进槽形檐沟形成所谓槽形双檐沟。单个槽形檐沟需找坡，而槽形双檐沟在外部是看不见其坡度的。

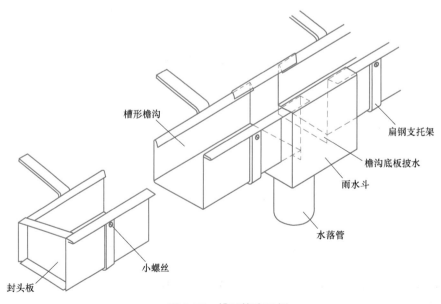

图 2.73　槽形檐沟示例

10.3　水落管

有圆形水落管和矩形水落管，图 2.74 显示其截面形状。

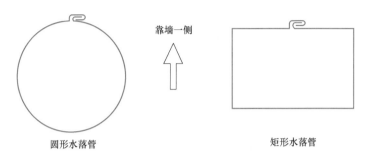

靠墙一侧

圆形水落管

矩形水落管

图 2.74　水落管

图 2.75 表示水落管固定用金属箍。

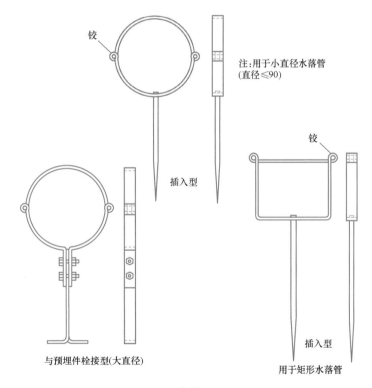

铰

注：用于小直径水落管
(直径≤90)

插入型

铰

与预埋件栓接型(大直径)

插入型

用于矩形水落管

图 2.75　水落管固定金属箍

10.4　雨水斗、天沟排水管及鹅颈式水落管

雨水斗的制作，需要构思、设计，特别是正面部分，可以做成具有多种装饰效果的薄板金属件，见图 2.77 所示例。

天沟排水管的作用是收集半圆形天沟中的雨水，比雨水斗要简单些。

鹅颈式水落管的作用是连接天沟排水口和水落管，鹅颈式水落管通常使用与圆形天沟一样的圆形,可见图 2.76 所示。

雨水斗兼具天沟排水管和鹅颈式水落管的作用。

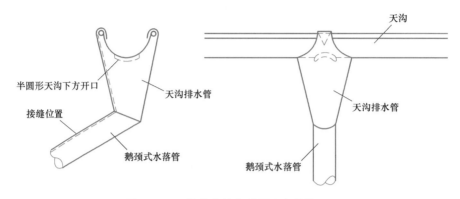

图 2.76　天沟排水管和鹅颈式水落管

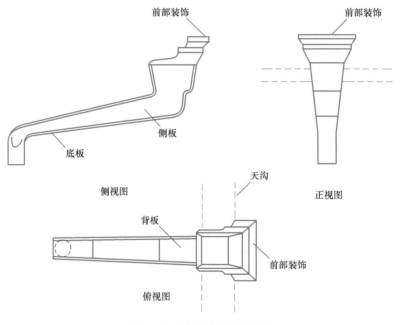

图 2.77　装饰性雨水斗示例

10.5　内天沟

(1) 连接方法

市场上板的宽度常常不能满足制作内天沟断面尺寸的要求,这就需要进行接宽处置,连接做法示于图 2.78。在长向做这种连接显然是不明智的,因为容易出现渗漏等缺陷。近期开始使用焊接接宽的处理方法。

(2) 温度伸缩缝

如果内天沟不设温度伸缩缝,则温度变化时会出现变形或损坏。应该注意这个问题,特别是不锈钢板比镀锌钢板的线膨胀系数更大。单个不锈钢内天沟的合适的长度可以考虑

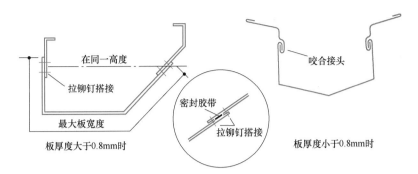

图 2.78 内天沟横断面上的连接

为 10m 左右。

如果内天沟的长度超过 10m，则温度伸缩缝的构造和尺寸设计时应该考虑线膨胀系数和当地的温度变化影响。

图 2.79 表示典型的温度伸缩缝位置设置。

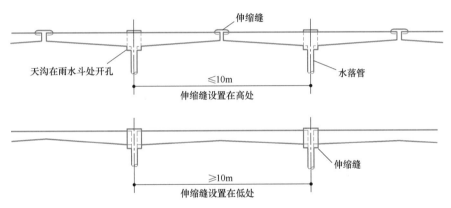

图 2.79 伸缩缝位置设置

温度伸缩缝节点构造示于图 2.80。

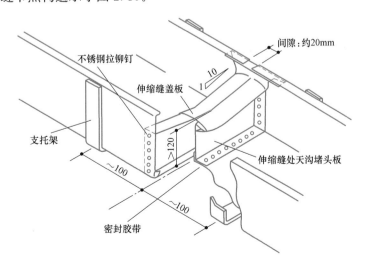

图 2.80 天沟温度伸缩缝构造

（3）雨水斗

图 2.81 是天沟雨水斗排水口的一个示例，温度伸缩缝设在图 2.79 所示高处。

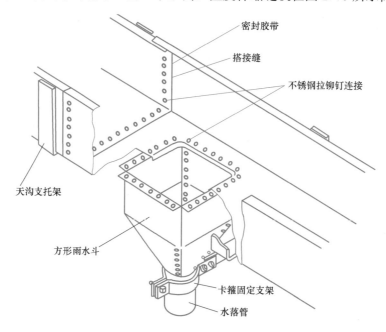

密封胶带
搭接缝
不锈钢拉铆钉连接
天沟支托架
方形雨水斗
卡箍固定支架
水落管

图 2.81 天沟雨水斗排水口构造

（4）泄水口

泄水口又叫溢流口，图 2.82 和图 2.83 是其两个示例。

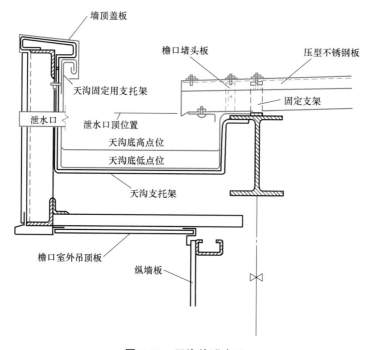

墙顶盖板
檐口堵头板
压型不锈钢板
天沟固定用支托架
固定支架
泄水口
泄水口顶位置
天沟底高点位
天沟底低点位
天沟支托架
檐口室外吊顶板
纵墙板

图 2.82 天沟外泄水口

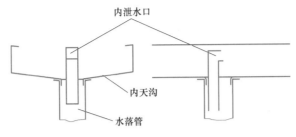

图 2.83 天沟内泄水口

10.6 斜天沟

斜天沟位置示于图 2.84 所示 A、B 屋面相交处。在图 2.85 所示的构造中，可见方案 1，当汇水面积 A 的流水量大于汇水面积 B 的流水量时，B 屋面板端会被流水淹没出现灌沟顶而漏水。为了防止此现象发生，一个好的方法是在天沟中部设置一个挡水板，如图 2.85 的方案 2 所示。

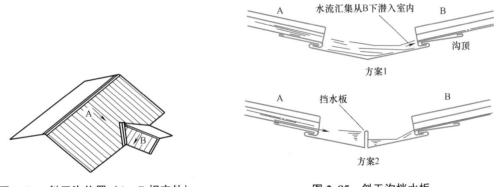

图 2.84 斜天沟位置（A、B 相交处）

图 2.85 斜天沟挡水板

图 2.86 是一个天沟支承板比屋面支承板降低一个板厚的斜天沟示例，尽可能采用此种十分可取的做法。

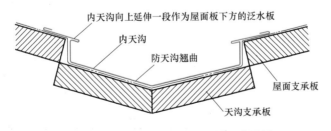

图 2.86 斜天沟支承板低于屋面支承板

10.7 雨水斗滤网

图 2.87 表示雨水斗滤网的示例，以防落水口堵塞。

用不锈钢丝φ3.2
焊接制成

SUS 304
不锈钢网

用SUS 304不锈
钢丝φ1.0
焊接制成

图 2.87　雨水斗滤网

11. 墙顶不锈钢压顶板

最近，用相对稍厚的不锈钢板作女儿墙压顶已被普遍采用，压顶不锈钢板厚 1.0～2.0mm。

这类压顶都处理为下部固定型式，通过内衬金属龙骨用螺栓连接到承重结构上。然后，将压顶板折边连接到龙骨上，并用非定型密封材料堵缝密封而完成压顶板的安装，见图 2.88。长度方向连接可见图 2.89。

此种压顶做法在各类房屋中都有应用。

近期，此类压顶已经标准化，大批量生产且上市销售。在压顶接缝处，去掉密封材料并且使用特殊的转角件如 L、T 和 Z 型式配套件，可以用来方便地吸收温度变形。图 2.90 给出了示例。

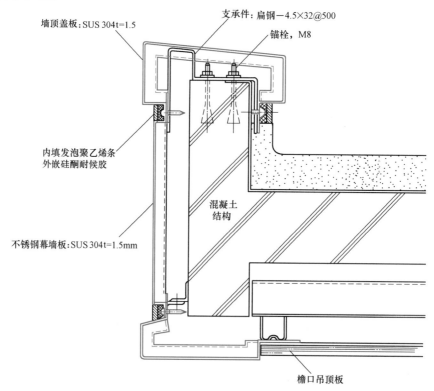

墙顶盖板：SUS 304t=1.5

支承件：扁钢—4.5×32@500

锚栓，M8

内填发泡聚乙烯条
外嵌硅酮耐候胶

混凝土
结构

不锈钢幕墙板：SUS 304t=1.5mm

檐口吊顶板

图 2.88　墙顶不锈钢压顶

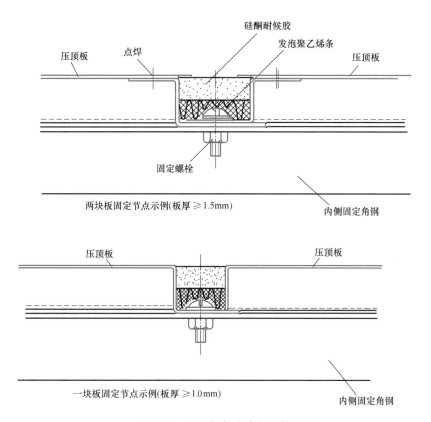

图 2.89　压顶板长度方向连接示例

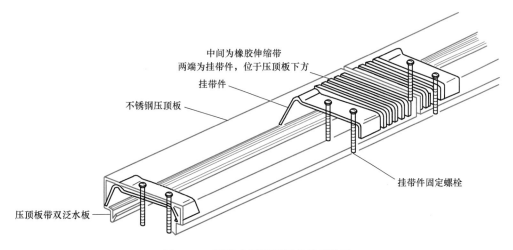

图 2.90　装配式压顶板柔性接长构造

第三章

不锈钢板屋面施工

不锈钢板屋面施工与普通钢板屋面的施工基本相同，但应注意以下两点：

（1）制作时应考虑不锈钢材料的加工特性；

（2）良好的外观和卓越的耐久性取决于对不锈钢表面的钝态膜或涂层的保护。

本章将对不锈钢板屋面施工与普通钢板屋面施工进行比较。

1. 运输和贮存

1.1 运输

（1）表面防护

搬运不锈钢板和不锈钢带过程中，应避免表面磨损、划痕或碰伤。注意做到：

a）接触部位应放置隔垫材料；

b）上面应有覆盖物以免落入灰尘和铁屑；

c）应使用宽软的起吊具，如非金属吊带，而不能使用钢丝绳吊运。

（2）防止变形

搬运不锈钢板和不锈钢带时，容易产生变形。注意做到：

a）应采用非金属（木质）平托板搬运；

b）不锈钢板应分层叠放，整摞应有覆盖保护；

c）车间内移动不锈钢板时，应放在非金属托板上；

d）不锈钢卷停放时前后应放置木方，防止滚动；

e）不锈钢卷外表面应采用防护材料进行包装且捆绑良好。牢固的捆绑，可以防止不锈钢卷的内芯形成称为"空竹"部位的串卷。

（3）防止外来物的附着

应避免泥浆、油脂和其他油类物的附着，防止表面锈蚀和污染，还应避免淋雨。

1.2 存放

（1）防止碰撞和接触

存放时受到碰撞或与其他物体直接接触，会出现损坏，防护覆盖是必要的。

（2）防止变形

a）不锈钢板应码放在平托板上；

b）不锈钢卷应放在方木上，像卧缸似的；

c）不锈钢卷使用后，钢卷直径越来越小时，应将其卷紧，防止散卷，或者将其直立放置。

（3）防止锈蚀和污渍

a）应注意不要让污泥和金属碎屑附着在表面上，尤其要避免待加工的不锈钢板或不锈钢带上沾有污泥和碎屑。若加工过程中表面有污泥和碎屑，则加工时会引起产品表面缺陷。

b）不锈钢表面应该避免污泥、油或水的附着。

c）应避免与各种不同的金属屑和钢屑接触，尽可能存放在特制的货架上。

2. 加工通则

2.1　概述

加工不锈钢时，应注意不损坏表面钝态膜和表面彩色涂层，也要防止由于使用不当工具而造成锈蚀。

另一方面，在常温下加工出现塑性时，不锈钢会产生很大的加工硬化，因此，与镀锌钢板相比，不锈钢板在很多情况下要求采用不同的一次到位的加工方法。

仅使用不锈钢专用加工工具进行加工，是十分可取的做法。

2.2　加工车间和操作台

加工车间应一直保持清洁，不要遗留油脂、油、水、沉积物以及各种金属碎末和残渣。

操作台应保持光滑，表面覆盖厚纸或胶合木板，以免与不锈钢直接接触。

2.3　划线

建议使用削尖的红色铅笔或蓝色铅笔而不要用马克笔。

最好不要使用毡笔和油笔，因其划线不易去掉。将线划在板的背面比较省事，所谓背面，就是安装完工后不可见的那一面，这样可以省去以后要擦掉的麻烦。

2.4　涂层的损坏和保护

钢板弯折或拉拔时，外加作用力会使涂层以复杂的方式伸长和收缩。不锈钢板的硬度、厚度、涂层硬度、涂层材料性能、弯折或拉拔时的温度、速度和加工方法等因素，都会影响涂层变形或损坏。每种因素的影响程度尚无规律可循，但以下几点业已被实际经验证明：

（1）板硬度大，则加工时需要的外力也大，涂层更易损坏。所以加工时宜选择较软的经过退火的板材。

（2）厚板成型时，涂层中会出现细微裂纹。图 3.1 示例中，板厚度之比为 1∶2，内弯半径均为 r，板中心线 B 没有伸缩但外表面 A 伸长而内表面 C 收缩。设 $r=t$，则 $2t$ 厚的板外表面 A 的伸长量是 t 厚的板外表面 A 伸长量的 1.5 倍。因此，当容许伸长率相同时，$2t$ 厚板的涂层更易开裂。所以，板较厚时，尽管内弯半径与薄板相同，其涂层更易开裂。

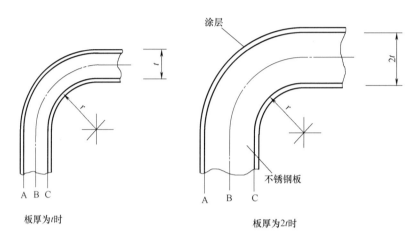

图 3.1 板弯曲时涂层的伸长

（3）加工温度低时，容易出现裂纹。这是因为涂层的容许伸长率随温度的降低而减小。当工作温度为通常的 20℃±15℃，则对小于 0.4mm 厚的板在弯曲半径为 2 倍板厚时、对 0.4～0.8mm 厚的板在弯曲半径为 3 倍板厚时，就不用担心涂层开裂。应避免温度低于 5℃ 而弯曲半径小于 3 倍板厚时进行板的弯折，因为涂层会变脆开裂、剥离。

（4）当弯折速度快时，涂层易损坏。如果一次就弯折到位，则更易损坏涂层，辊轧成型时这种趋势更明显。

（5）涂层开裂出现的程度取决于加工方法，一般按下列顺序增加几率：

1）简单弯折

2）压力弯折（包括压力面积有一些减少时）

3）辊轧冷弯成型弯折

4）锤击弯折

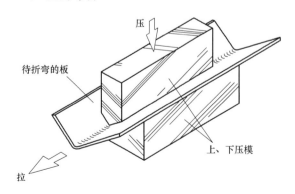

图 3.2 折弯成形工艺

在上述情况 1）和 2）中，当模具金属和不锈钢板的切合度增大时，裂纹出现的程度就会减少。

在辊轧成型 3）中，弯折时板被拉拽，如图 3.2 所示。因此，涂层表面比 1）和 2）更易受损。为了减少加工缺陷，辊轧道数应该多些，每道的弯折角小些（见图 3.3）为好。

在图 3.3 中，n 表示辊轧道数，p 表示辊道间隔，l 表示第一道辊和最后

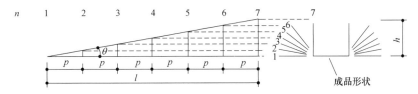

图 3.3　不锈钢板经多次折弯到垂直的步数和角度间隔图示

一道辊的总长。成型产品的最大截面高度为 h，θ 表示每道的弯折角度。θ 值通常近似为 $1°25'$。当一次弯折角比 $1°25'$ 更大时，产生过大的变形会损伤涂层。

在 4）锤击弯折中，典型的方法是使用硬质木槌和弯折操作台进行手工拍打。此方法中，缺陷可能出现在弯折部分，因为弯曲半径很小。尽量不要使用这种方法，因为需要很高的技巧才能避免出现加工缺陷。

涂层不锈钢板表面使用一种可以揭除的黏性保护膜来保护涂层，此膜为聚乙烯或软氯乙烯板，厚约 0.5mm，粘接剂涂在膜的背面。

加工中，保护膜对涂层耐受磨损和碰伤十分有效，但对板弯折时涂层开裂没有保护效果。此外，保护膜保留到屋面工程完工后再揭掉是可取的；但由于阳光紫外线使其老化，长时间的来回粘连、剥离可能会使最后的揭膜变得十分困难。

2.5　转移性锈蚀

冷轧不锈钢的加工，应时时注意对转移性锈蚀的防护；对涂层不锈钢而言，由于有涂层的保护，除了涂层损坏处、剥离处以及切割边外，不会遭遇转移性锈蚀。

在很多情况下，当加工机器、工具与不锈钢表面接触时，会出现伴随加工而来的转移性锈蚀-看不见的微小钢颗粒附着在不锈钢板上。一般有两种微小颗粒：

1）机器和工具本身磨损掉落的微小颗粒；

2）先前加工的钢板遗留下的微小颗粒。

由上述微小颗粒带来的转移性锈蚀几乎是不可避免的。然而，如果对工机具进行合适的维护，则可以防止此现象发生。加工中，大多数转移性锈蚀是由于后一种微小颗粒造成的。为了防止发生此现象，最好使用不锈钢加工的专用机器和工具，并且避免使用此机器和工具来加工别的金属板。如果难以避免要用来加工别的钢板，应在加工不锈钢板前将附着在机器和工具上的金属粉末和残屑彻底清除干净。

2.6　加工缺陷修复

加工一旦造成涂层缺陷时，在除掉并清洗干净损坏的涂层后，按照涂料生产商的建议，均匀地喷涂或刷涂一种冷硬性涂料。

焊缝部位的涂层缺陷修复方法与此相同。

3. 各种加工方法及注意事项

3.1　剪切

不锈钢较硬，剪切不锈钢所需的外力要比低碳钢大（对较软不锈钢板约 1.45 倍，较硬不锈钢板约 1.65 倍）。

因此，厚度小于 0.5mm 的板材可以使用手动剪刀剪断，大于 0.5mm 时，手动剪刀不能利索地剪断，需要机械剪切。

进行剪切时应该注意按以下方法进行：

3.1.1 用剪刀剪断

（1）剪刀刀刃应保持锋利。剪刀应避免既用于剪切别种金属材料，又用于剪切不锈钢。

（2）剪切的速度应比剪切镀锌钢板要慢些。

（3）由于不锈钢剪切边有硬化的特性，所以难以通过再剪切来进行尺寸修改，必须一开始就精确地沿着划线进行一次性切断。

（4）使用剪刀时，不能一直下到刀片根部。如果剪刀下到刀片根部，则可能会出现垂直于剪切方向的变形裂纹。

（5）应注意不要让剪切中产生的毛边出现在成品表面。

a）当划线在不锈钢板背面，剪板时成品部分应放在剪刀的右边，以便操作人看得见成品。

b）当划线在不锈钢板正面，剪板时成品部分应放在剪刀的左边，以便操作人看得见成品。

（6）用剪刀进行剪切时，板的剪切边会有些变形，为了消除变形，应将板放置在一个平板上，用木槌敲平整，或使用矫平机矫平。

（7）如果剪切中产生了毛刺，应该用锉刀修平。

3.1.2 用剪板机剪切

上面已提及，不锈钢板所需剪切力比低碳钢大，如果镀锌钢板的切割力是 1，则软不锈钢板的切割力约为 1.45，硬不锈钢板的切割力约为 1.65。作为参考（在剪切角度不变的情况下），平板的剪切力（F_s）可按以下公式得到：

$$F_s = ktW\cot\theta \quad (N)$$

式中：

K：材料弯曲修正系数，可取 $k=1$。

t：板厚度（mm）。

W：单位面积所需的剪切功（N-mm/mm^2）。

当已知材料的抗剪承载应力参数 τ 时（镀锌钢板约 360N/mm^2，软不锈钢板约 520N/mm^2，硬不锈钢板约 560N/mm^2），W 可以近似地按 $W=0.5t\tau$ 计算。

θ：剪切角（度）。

剪切角为图 3.4 中所示的角度，12°为其上限，即 $\theta \leqslant 12°$。

当板厚 $t > 0.6$ 时，用剪板机剪切效率较高。

剪板机粗略地分为直式剪板机和转式剪板机。

有脚踩式剪板机（用脚操作的

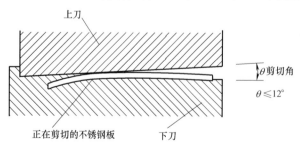

图 3.4　剪切角度确定

剪板机)、动力剪板机(直角剪板机)以及间隙剪板机等,间隙剪板机像直式剪板机一样,可以喂入及剪切长尺寸板材。在这几样剪板机中,间隙剪板机主要用于剪切厚板。

转式剪板机主要用于转动剪切,此剪板机能够自如地进行直线剪切或曲线剪切。

由于机器剪板比手工剪板更快更干净利落,所以更适用于大批量剪切加工。

当上下刀的间隙与板厚度匹配时,可以避免产生剪切边的毛刺和撕裂。

剪切镀锌钢板的间隙约为板厚的 10%,不锈钢板剪切的间隙要小些,如 SUS 430 板的间隙为板厚的 6%~7%,SUS 304 板的间隙为板厚的 5%~6%。

除了上述提及的内容之外,还应注意以下事项:

(1) 剪板机台面应覆盖厚纸或软布以避免损坏不锈钢板表面;

(2) 与不锈钢板接触的压板板面应充分清洁以免附着残屑和钢粉末;

(3) 剪切不锈钢板的刀刃应该永远比剪切镀锌钢板的刀刃更加锋利;

(4) 上下刀之间正常的间隙应不断调整,保持不变;

(5) 正式进行剪板前应进行试剪,以核实上述各工序已完成并确认做好以下工作:

a. 板的支承做法的适宜性;

b. 板的硬度;

c. 剪切速度的合适性;

d. 润滑油的存在。

注:虽然用词有时为"cutter 切割机",但"shear machine 剪板机"才是正确的机械用语。

3.2　弯折

3.2.1　手工弯折

手工弯折是通过使用拍木和钢刀尺来进行的,如图 3.5 所示。弯折时,将板置于弯折台上,使用拍木敲打进行弯折。

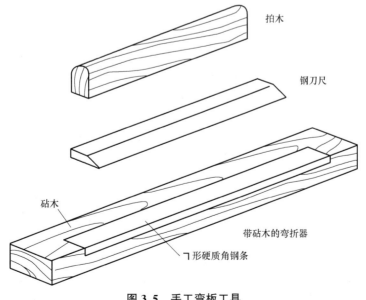

图 3.5　手工弯板工具

使用这种方法，板的弯折角很尖锐，内弯半径接近于 0。这种弯折板的方法，会使涂层不锈钢板的漆膜受损。弯折的精准度，取决于操作匠人的技术掌控。

3.2.2 机械弯折

机械弯折可以粗略地分为图 3.6 所示的 3 种：

a）冲压弯折：用凸模和凹模冲压形成弯折，V-型弯折是典型的冲压弯折，如图 3.6（a）。

b）折边式弯折：将板材的一边固定，另一边由机具（可动折弯架）按形状转动完成弯折，见图 3.6（b）所示。

c）辊压弯折：例如，板材连续通过 3 个滚轴形成弯曲，如图 3.6（c）。

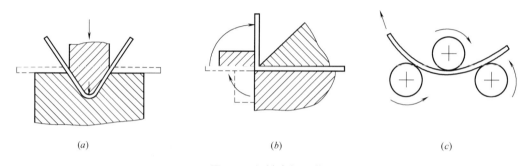

图 3.6 机械弯折工艺
（a）冲压弯折；（b）折边弯折；（c）辊轧弯曲

最小弯曲半径表示板不产生裂纹的弯曲半径的极限值。

SUS 304 或 SUS316 不锈钢板即使弯折 180°也不出现裂纹，SUS 430 最好不使用机械弯折。

对于涂层不锈钢板，不论是 SUS 304 还是 SUS 430，弯曲半径应该大于板厚；如果弯曲半径小于板厚，涂层就可能出现裂纹。

无论采用哪种加工方法，确保实际弯曲半径不小于最小弯曲半径是明智的。还应注意，板顺着轧制方向与垂直于轧制方向的最小弯曲半径是不同的。

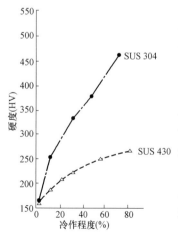

图 3.7 SUS 304 与 SUS 430 加工硬化性能比较

弯折或弯曲后，板会出现回弹。不锈钢板的回弹比镀锌钢板的回弹要大，应进行足量的过弯，以免达不到要求的弯折角或指定的弯折角。比如，要求弯折 90°，可以采用 88°的内弯折角。

SUS304 比 SUS430 软些，更易加工。但当 SUS304 经历塑性变形后，会出现加工硬化。应注意，不正确的弯折角度很难纠正，因为弯折部位在第一次弯折后就已经硬化了。

图 3.7 表示了典型不锈钢牌号的加工硬化特性，表 3.1 比较了 SUS 304 和 SUS 430 的弯折特性。

3.2.3 弯折所需的力

弯折所需的力与板的抗拉强度成正比。同样的板厚、同样的加工条件，假设弯折镀锌钢板所需的力是 1，则弯折 SUS430 板所需的力是 1.65，而 SUS 304 是 1.9。

SUS 430 与 SUS 304 可弯性比较   表 3.1

弯折方法	板材厚度 mm	弯折角度	钢材种类	
			SUS 430	SUS 304
手工弯折	1.0 或更小	180°弯折	A	A
		90°弯折	A	A
机械弯折	1.0 或更大	180°弯折	B	A
		90°弯折	A	A

A：好　B：有点差

作为一个算例，图 3.8 所示在 V 形底模上的简单冲压弯折（自由弯折）所需的冲压力 P，可近似表达为：

$$P = 2cbt^2\sigma_b/3L（自由弯折）$$

其中：

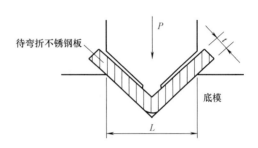

图 3.8　自由弯折

c：通常考虑为 1～2 的修正系数；

b：板宽（mm）；

t：板厚（mm）；

σ_b：板的抗拉强度（N/mm^2）；

L：底模肩宽（mm）。

有手动式弯折机、闸压式弯折机及液压式弯折机。

手动式弯折机用于板厚不大于 0.5mm 的弯折，而液压式弯折机用于更厚更长板的弯折。闸压式弯折机和液压式弯折机在精确弯折方面比手动式弯折更胜一筹，此外，液压式弯折机还能在同一冲模上对同一板进行不同角度弯折。

3.2.4　辊压冷弯成型加工

不锈钢板的辊压冷弯成型工艺与镀锌钢板是一样的，但要注意以下几点：

（1）冷轧不锈钢板，特别是 SUS 304，由于加工过程中会产生加工摩擦生热，易出现表面缺陷和变形。因此，冷弯成型速度应该比镀锌钢板低，最大速度不超过 25m/min。

（2）为了避免由于辊轮和板接触面之间的速度不同而出现的缺陷，应该设置无动力辊轮（自由辊）。

（3）由于存在回弹，最后 2～3 道辊轮应提供过弯的辊压变形。

（4）内弯半径最少应该是板厚的 1.5 倍，常常选择 2 倍板厚以上。此外，辊压冷弯成型的板厚宜为 2mm 以下。

（5）辊压冷弯成型前，辊轮表面应一直保持光滑、清洁，以免由于外来金属屑的吸附而在压型不锈钢板表面产生冷轧缺陷。

（6）辊压冷弯成型中，采取以下方法防止出现缺陷：

a）冷轧不锈钢板，应该贴保护膜后再进行成型加工；

b）涂层不锈钢板，应该调整辊轮间隙或贴保护膜后再进行成型加工。

3.3　制孔

3.3.1　冲压成孔

冲压成孔实施的条件与剪板的条件基本相同。

使用冲模，对薄板且精度要求较高时，则底模和冲模之间的间隙为板厚的 2%～4% 是合适的。间隙太大会出现孔边毛刺。

3.3.2　钻孔

对不锈钢板，钻孔实施的条件与镀锌钢板几乎一样。由于加工硬化特性，应该注意以下四点：

（1）开钻之前，不应在板面上空转，特别是对 SUS 304，与钻头接触部位的表面加工硬化会使钻孔变得十分困难。

（2）钻孔速度应该比镀锌钢板或碳钢低些。建议常规钻孔速度如表 3.2 所列。

钻孔速度

表 3.2

钻孔直径 （mm）	钻进速度 （mm/转）	钻孔直径 （mm）	钻进速度 （mm/转）
3.2 及以下	0.03	13 及以下	0.08
6.4 及以下	0.05	13～15	0.1

（3）钻孔深度大时，应该使用带有波动小的标准指向角（180 度）的曲柄型钻床。当孔深是孔径的 3 倍时，钻进速度应减少 20%，孔深是孔径的 4 倍时，钻进速度应减少约 30%。

（4）在薄板上钻孔时，应在板下加木垫，这样才能完全钻透。

3.4　连接

不锈钢板的各种连接方法，包括机械连接如咬合连接、螺栓连接和铆钉连接等，还有其他连接如焊接、钎焊和铜焊等。

3.4.1　咬合连接

至于板的咬合连接，有简单咬合连接、旋绕式咬合连接和导管式咬合连接。咬合连接中的弯折方法与镀锌钢板一样。注意不锈钢板弯折角度必须比镀锌钢板的要大些，因其回弹较大。

3.4.2　螺栓连接

原则上，螺栓连接中使用的螺栓、螺母和垫圈应由与被连接不锈钢板相同牌号的材料制作。当螺母、螺栓都是 SUS 304 且高速紧固时，紧固过程中的螺母会因摩擦生热而焊到螺栓上，故应要么使用 SUS XM7 螺栓，要么使用螺母。（ASTM 标准中的牌号分类也被日本工业标准 JIS 采用）

3.4.3　铆接

盲孔（防水）铆钉常常用于屋面工程。这种铆钉通常使用三种合金制造。建议采用包含 SUS305 的合金材料。铆钉孔应在定位划线后用带三角冲击钻头的手动钻完成。由于不锈钢有加工硬化的特点，所以用不锈钢铆钉连接不锈钢板时，须用大锤将其直接打铆。

3.4.4　钎焊连接

由于不锈钢传热慢且热膨胀系数大（SUS 430 与低碳钢相同，SUS 304 和 SUS 316 是低碳钢的 1.5 倍），因此其钎焊从技术上来说比镀锌钢板更具难度。

钎焊连接的步骤如下：

（A）预处理

（1）涂层不锈钢板接头表面的涂层及钝态膜应彻底除掉，冷轧不锈钢板的钝态膜也应用砂纸彻底打磨掉。

（2）接头表面应该洁净，无残屑、油脂、油污。如果涂层是用脱漆剂除掉的，则还应用水将脱漆剂彻底冲洗干净。

（3）应在接头表面布放合适的熔剂。应使用带尖头的竹刮刀，将熔剂均匀布放在整个接头表面。

（4）给予足够时间，让熔剂活化接头部位。

（B）钎焊熔接

（1）所谓"6-4钎焊"，是日本标准Z3282中提供的，范围从H60Sn到H65Sn的熔剂，能用于不锈钢钎焊，当然，其他合适的不锈钢熔剂也可以使用。

（2）钎焊头应定期使用盐酸盐与水的混合物进行清洗以保持清洁。

（3）钎焊温度的范围应为200～250℃。当使用不锈钢专用熔剂时，可获得更好的工作性能。

（4）处理长接头的最好方法是先行点钎焊，间距约5cm。钎焊速度是低碳钢的一半，钎料应缓慢注入接头中。

（C）焊后处理

（1）钎焊完成后，为了改善外观效果，多余的钎料应用木质刮刀或不锈钢刮刀刮掉。

（2）钎焊接头中多余的熔剂，应使用弱氨水或肥皂水溶液进行充分中和后，再用水冲洗掉。如果不认真这么做，钎焊部位就会出现红锈。不应采用腐蚀性的苏打水，也不得用腐蚀性的碳酸钾来去掉熔剂。

（3）对涂层不锈钢板，在接头清洁完成后应进行焊后补漆。

3.4.5 焊接连接

不锈钢板焊接连接的方法有很多，其中，屋面工程通常使用的有TIG焊（钨极氩弧焊）、电阻焊和缝焊，如表3.3所列。

不锈钢焊接并不困难。由于不锈钢与低碳钢的特性不同，焊前准备和焊接过程中对此应加以考虑，特别要考虑到不锈钢的线膨胀系数和导电性比低碳钢大得多的特性。

更详细的不锈钢板焊接方法，最好参照由日本不锈钢协会编的"不锈钢焊接操作建议"。

不锈钢板的各种焊接方法 表3.3

数据来源："不锈钢焊接标准"，由日本不锈钢协会编

项次 焊接方法	适用板材厚度 mm	不锈钢牌号					用途
		SUS 410 13Cr	SUS 430 18Cr	SUS 304 18Cr8Ni	SUS 309S 22Cr12Ni	SUS 310S 24Cr20Ni	
保护电弧焊	$t>0.8$	2	2	1	1	1	主要用于厚板的对接焊缝和角焊缝，以及大尺寸管材和铸件的打底焊

续表

项次 / 焊接方法	适用板材厚度 mm	不锈钢牌号					用途
		SUS 410 13Cr	SUS 430 18Cr	SUS 304 18Cr8Ni	SUS 309S 22Cr12Ni	SUS 310S 24Cr20Ni	
TIG 焊接（钨极氩弧焊）	0.5<t<3	3	3	1	1	1	主要用于金属薄板及小尺寸管材的对接焊缝和角焊缝
电阻点焊	0.15<t<3	3	3	2	2	2	搭接焊缝,不需要气密性要求,在飞机,小汽车和厨房家电中使用
电阻缝焊	0.5<t<3	3	3	2	2	2	搭接焊缝,不需要气密性要求,在汽车零件,水槽,气炉灶和冷藏设备中使用
钎焊（铜焊）	0.5<t<2	4	4	3	3	3	薄板及精确部件的焊接,无强度要求

注：上述表格中的数字含义是：

1：好，给予推荐；2：一般推荐，有时会有限制条件；3：特殊目的时用；4：其他。

4. 屋面安装

4.1 注意事项

不锈钢板屋面安装，大体上与镀锌钢板屋面和涂层钢板屋面的安装情形相同，但需关注以下几点：

（1）避免不锈钢板与其他金属特别是碳钢直接接触。

（2）避免损坏和伤害屋面板表面，例如：

a）安装人员应清除附着在身上的沉积物，特别是金属残屑，如吸附在鞋底的金属残屑。

b）安装人员应穿软底鞋。

c）安装人员经常行走的地方应铺设走道板，对屋面给予足够保护。

（3）安装人员应带干净的手套，避免用裸手触摸不锈钢板。

（4）需要划线的地方，应使用削尖的红色或蓝色铅笔而不能用划线针或者划线钉。使用油性水彩笔划线时，应十分精准，因为颜色难以去掉，尽量不用。

（5）为了避免混凝土、砂浆及焊接的飞溅物直接落在屋面板上，应采用胶合板加以覆盖保护。对于焊接飞溅物，应采取特殊措施来避开。

掉落在不锈钢板表面的砂浆，应在其硬化前立即清理掉。

（6）现场安装所致的钻孔残屑或者切割粉末，应在该项工作结束后立即完全予以清除。如果任其留着，则夜晚的水汽会使其生红锈。冷轧不锈钢更应特别注意。

（7）使用咬边机或辊压成型机时，必须小心，避免钢质部件与不锈钢板表面直接接触。比如，采取镀铬的办法，可以避免钢与不锈钢板接触。如果现场辊压成型时辊轮表面镀铬层已损坏,则转移性锈蚀就会出现,因为不锈钢板表面吸附了肉眼看不见的钢屑微粒。

(8)在带棱咬合屋面和立边咬合屋面中,当板厚达 0.5mm 时,咬合会很费劲。对更厚的板进行咬合时,通过加长手动咬合机的手柄,就可容易进行。

(9)应时刻注意咬合时接缝处的表面状态,如果涂层看上去有损坏,必须立即检查是工具不正常还是操作有问题。如果涂层损坏了,应该立即除掉缺陷,用厂商建议的修补漆进行修补。

4.2 屋面清理

屋面安装完成后的清洁,应按不同屋面材料分别进行:

4.2.1 冷轧不锈钢板屋面

不锈钢板表面出现污渍的地方,应该用中性洗涤剂进行清洁:

(1)首先应进行试擦洗,看看污渍和红锈是否能去掉,如果成功,可使用此法。

(2)使用清洁工具如布、海绵、硬毛刷以及细丝尼龙板刷等进行擦洗时,应顺着不锈钢板的抛光方向,并尽量使劲。不建议并尽量避免采用圆形轨迹的擦洗方式,以保护原始的表面处理。

(3)对于严重的污渍,应避免采用粗糙的去污粉、砂纸和钢丝球等擦除,一旦误用,不仅不锈钢板表面光泽损坏,而且钢屑容易吸附,从而产生红锈。

(4)使用工业清洁化学品来去掉严重污渍时,不仅有污渍的部分要进行清洁,周围一定范围也要进行清洁。

(5)清洁工作完成后,应该检查以下各项工作是否做到位:

a)工具、螺钉、螺栓、螺母和钢的切割残屑没有残留在屋面上。

b)油脂和机油、水泥和砂浆没有附着在不锈钢板上。

c)清洁化学品没有遗留在屋面上。

d)表面保护膜的黏性物质没有附着在不锈钢板上。

e)没有脏鞋印。

4.2.2 涂层不锈钢板屋面

在屋面安装完工前,应进行检查以保证工作现场没有碎屑、飞溅物和工具。如果发现有碎屑、手印、油脂和机油,应按以下方式除掉:

(1)赃物和钢粉末应该用软布轻轻地擦掉。

(2)机油应使用软布蘸可水解的中性洗涤剂轻轻地擦掉。然后用水清洗,最后用干布擦干。

(3)应避免使用金属刷和粗粒去污粉进行粉状物的清洗,因为会损坏涂层。

(4)由于有机溶剂如乙醇、轻质汽油和丙酮会溶解涂层并扰乱色调,即使它们可以去掉油脂和机油,也不应采用。

(5)为了避免掉色,酸性或碱性洗涤剂,如用于瓷砖清洁的盐酸、硝酸,以及具有腐蚀性的苏打,都不应使用。

(6)工业清洁化学品(除中性洗涤剂外),原则上都不应使用。尤其是用于除鳞的清洁剂绝对不应使用。如果污渍或锈蚀在使用中性洗涤剂后还有残留,则应在小范围内试用工业清洁剂,以摸索出可接受的能除去残留污渍或锈蚀的办法。

附录一

中日不锈钢板屋面用牌号规则和对照

王志斌

山西太钢不锈钢股份有限公司

1. 不锈钢的定义：

以不锈、耐蚀性为主要特性，且铬含量最少为 10.5%，碳含量最大不超过 1.2% 的钢。

2. 不锈钢牌号命名规则：

中国、俄罗斯等用国际化学元素符号和该国的符号来表示化学成分，用阿拉伯字母来表示成分含量。如：12Cr13 等。

美国、日本、欧盟等用固定位数数字来表示钢类系列和数字。如：300 系、400 系、200 系等，用拉丁字母和顺序组成序号，只表示用途。

2.1 中国：

不锈钢牌号与数字代号一一对应。如：牌号 022Cr19Ni10，数字代号 S30403。牌号中"022"代表含碳量，用两位或三位阿拉伯数字表示碳含量最佳控制。只规定上限时，≤0.10%，取上限的 3/4，>0.10%，取上限的 4/5；规定上下限时，以平均碳含量×100 表示。"Cr19Ni10"代表合金元素及其含量，以化学元素符号及阿拉伯数字表示，钢种有意加入的铌、钛、锆、氮等元素也应标出。数字代号中"S"代表不锈钢与耐热钢。第一位数字，代表钢种分类，其中"1"代表铁素体型，"2"代表铁素体－奥氏体型，"3"代表奥氏体型、"4"代表马氏体型、"5"代表沉淀硬化型；第二、三位数字，在铁素体和铁素体-奥氏体型钢中，表示铬含量（中间值×100）；在奥氏体和马氏体钢中，前三位数字与美国 AISI 数字一致；第四、五位数字，区别不同牌号的顺序号。

2.2 日本：

如 SUS304L，"SUS" 三个字母的含义是由 Steel、Use、Stainless 的第一个字母组成；"304" 三位数字与美国 AISI 数字一致；"L" 表示超低碳（C≤0.03%）。含有 Ti、Se 和 N，若两个化学成分相近，而个别元素含量略有差别的不锈钢，可在数字后用 J1 和 J2 加以区别，对于不锈钢板材不同品种，分别在主题牌号后再附加后缀代号，并用 "-" 隔开。

2.3 美国：

如 S30403，"S" 代表不锈钢；第一位数字代表钢种时，其中 "1" 代表沉淀硬化型钢，"2" 代表 Cr-Ni-Mn 型钢，"3" 代表 Cr-Ni 型钢，"4" 代表 Cr 系，"5" 代表低 Cr 系；第二、三位数字，代表同组内的顺序号；第四、五位数字，区别不同碳含量及顺序号。

2.4 欧盟：

如 1.4307，"1.4" 代表不锈钢与耐热钢；第三位数字为钢种分类，其中 "0～6" 为耐腐蚀钢，"7～8" 为耐热钢，"9" 为抗蠕变钢。其中：

0：Ni<2.5%，不含 Mo，无特定添加元素；

1：Ni<2.5%，含 Mo，无特定添加元素；

3：Ni≥2.5%，不含 Mo，无特定添加元素；

4：Ni≥2.5%，含 Mo，无特定添加元素；

5～6：Ni≥2.5%，如 Ti、Nb 或 Cu 的特定添加元素；

7：Ni<2.5%；

8：Ni≥2.5%。

第四、五位数字为顺序号。

3. 中日牌号对照：

中国和日本的屋面常用不锈钢板和钢带牌号对照见表 1，屋面常用不锈钢零部件（棒线材等）牌号对照表见表 2。

屋面常用不锈钢板和钢带牌号对照表　　　　表 1

序号	日本牌号	中国牌号		组织类别	备注
		数字代号	牌号		
1	SUS304	S30408	06Cr19Ni10	奥氏体	冷轧不锈钢板材 日标执行 JIS G4305 中国执行 GB/T 3280
2	SUS316	S31608	06Cr17Ni12Mo2		
3	SUS312L	S31252	015Cr20Ni18Mo6CuN		
4	SUS445J1	S12362	019Cr23MoTi	铁素体	
5	SUS445J2	S12361	019Cr23Mo2Ti		
6	SUS447J1	S13091	008Cr30Mo2		

屋面常用不锈钢零部件（棒线材等）牌号对照表 表 2

序号	日本牌号	中国牌号		组织类别	备注
		数字代号	牌号		
1	SUS410	S41010	12Cr13	马氏体	不锈钢棒线材日标执行JIS G4308中国执行GB 1220
2	SUS430	S11710	10Cr17	铁素体	
3	SUS304	S30408	06Cr19Ni10	奥氏体	
4	SUS305	S30510	10Cr18Ni12		
5	SUS305J1	S30508	06Cr18Ni12		
6	SUS316	S31608	06Cr17Ni12Mo2		
7	SUSXM7	S30488	06Cr18Ni9Cu3		

附录二

不锈钢表面加工

摘自　中国特钢协会不锈钢分会 编《不锈钢实用手册》

　　不锈钢表面加工是通过不同的加工方法，使不锈钢表面具有不同的光泽，颜色，花纹等，大大改善不锈钢的外观，使之达到要求的美学效果。此外，它还具有很重要的功能效果，如：在清洁卫生方面，平滑的不锈钢表面不仅看上去干净，而且容易清洗和保持清洁；在腐蚀性环境中，表面越平滑（不容易附着沉积物而不会成为局部腐蚀的始发点），耐腐蚀性越好；通过冷压花纹增大强度，在不锈钢产品的再制作过程中（如深冲），希望金属表面的纹路略微粗糙以挂住润滑油，加工后的效果会更好，适量的润滑油可以减少工具的磨损，且可减轻工具的压痕；线材的表面加工和涂层是为了便于深加工（如紧固件的冷镦）；指定表面还有经济方面的因素，可用冷轧光亮退火表面就不需要用更贵的 8 号抛光表面。因此，选择哪一种不锈钢的表面加工主要取决于用途要求。

　　无论不锈钢的最终用途如何，表面加工（surface finish）是不锈钢的标准或技术条件中至关重要的部分，也是在不锈钢应用选材中需要慎重考虑的重要因素。

1. 不锈钢表面加工种类

　　通常可分为两类：一类是不锈钢生产厂用不同生产工艺所获得的称为轧制表面加工；另一类是采用轧制表面加工的产品基础上，再进一步加工而获得的称为特殊表面加工。

　　从最早的美国 ASTM 标准（表 1）、借鉴日本 JIS 标准（表 2）、新发展的欧盟 EN 标准（表 3）及表 4、表 5、表 6 中可以看到已定型的各类不锈钢的表面加工。我国不锈钢冷轧钢板和钢带表面加工类型可见 GB/T 3280—2015 表 37 所列。当然也有些较新的不锈钢表面加工尚未列入各国和地区标准，但随着不锈钢在应用领域的不断拓宽，一些国家和企业已研制开发出更多更新的表面加工方法。

美国不锈钢板（带）表面加工标准 ASTM A480[①]　　　　　　　　表 1

简称	工艺类型	备　注
1 号表面加工	热轧、热处理和除鳞	热轧后进行热处理和除鳞。一般用于工业用途，如：耐热和耐腐蚀场所应用，此时表面平滑度不很重要

简称	工艺类型	备注
2D 表面加工	冷轧、亚光加工	人工单张或连续成卷冷轧后经热处理、酸洗。亚光表面可通过除鳞或酸洗产生,或毛面辊进行轻度最终冷轧。毛面加工便于在深冲时将润滑剂保留在钢板表面。这种表面加工实用于加工深冲部件,这些部件在加工后还要进行抛光处理
2B 表面加工	冷轧、亮面加工	与 2D 表面加工的生产工艺相同,只是热处理除鳞后的钢板要用抛光辊进行轻度最终冷轧。这是最常用的冷轧表面加工。除极为复杂的深冲件外,它可以用于所有用途。比 1 号或 2D 表面加工更容易抛光
光亮退火表面加工	光亮冷轧表面在可控气氛的炉内退火	是一种冷轧高反射率的光亮表面加工,在可控气氛的炉内最终退火。通常采用干氢和干氢和干氮混合的(有时称为分解氮)气氛下以防止退火过程中发生氧化
3 号表面加工	中间的抛光加工,单面或双面	抛光或半抛光表面使用制作之后还需要进一步加工的。钢板或做成的工件不进行另外的精加工或抛光处理时,建议使用 4 号表面
4 号表面加工	通用的抛光加工,单面或双面	广泛用于餐馆设备、厨房设备、店铺门面、乳制品设备等。用粗磨料初步打磨后,再用粒度在 120～150 的磨料进行精磨
6 号表面加工	亚光缎面加工,坦皮科刷磨,单面或双面	反射率不如四号表面加工。是用 4 号表面加工的钢板经中粒度磨料和油在坦皮科刷磨而成。用于不需要光泽度的建筑物和装饰。它还常同光亮表面加工在一起进行,以产生对比效果
7 号表面加工	高光泽表面加工	反射率高,是由优良的基础表面进行摩擦而成,但是磨痕消除不掉。该表面主要用于建筑装饰
8 号表面加工	镜面加工	常规生产的反射率最高的表面加工。该表面是用逐步细化的磨料抛光,用非常细的铁丹大量擦磨。初磨时表面不留任何磨痕。该表面广泛用于模压板,也用于小镜子和反光镜
TR 表面加工	冷作以达到特定的性能	对退火除鳞或光亮退火的钢板进行足够的冷作,大大提高机械性能。表面效果会随着冷作量的多少和材质情况发生变化

注:①单张薄板可以单面抛光,也可以双面抛光。单面抛光时,另一面只进行粗磨,以保证必要的平直度。

日本不锈钢板(带)表面加工标准 JIS G4305:1999 表 2

简称	备注
2D 表面加工	冷轧后进行热处理、酸洗、经毛面辊平整
2B 表面加工	冷轧后进行热处理、酸洗、经抛光辊平整
3 号表面加工	JIS R 6001 研磨粒度 100～120 研磨加工
4 号表面加工	JIS R 6001 研磨粒度 150～180 研磨加工
240 表面加工	JIS R 6001 研磨粒度 240 研磨加工
320 表面加工	JIS R 6001 研磨粒度 320 研磨加工
400 表面加工	JIS R 6001 研磨粒度 400 研磨加工
BA 表面加工	冷轧后进行光亮热处理
HL 表面加工	以适当的研磨粒度研磨出连续线条

欧盟不锈钢板（带）材表面加工标准 EN 10088-2[①] 表 3

	简称[②]	工艺类型	加工的表面	备注
热轧表面	1U	热轧，未经热处理，未除鳞	覆有轧制氧化皮	适用于后序再加工的产品，如：需要再轧制的钢带
	1C	热轧，热处理，未除鳞	覆有轧制氧化皮	适用于随后除鳞或加工的零部件，或者适用于一些耐热要求而应用
	1E	热轧，热处理，机械除鳞	无氧化皮	根据钢种和产品来决定机械除鳞方式，如粗磨或喷丸，如果没有其他协议，则由生产厂家决定
	1D	热轧，热处理，酸洗	无氧化皮	保证大多数钢种得到好的耐腐蚀性的一般标准，也是后序再加工常用的表面加工，会出现修磨痕迹，不如 2B 或 2D 表面平滑
冷轧表面	2H	冷作硬化	光亮	冷作提高强度
	2C	冷轧，热处理，未除鳞	平滑，有热处理造成的氧化皮	适用于随后除鳞或加工的零部件，或者适用于一些耐热要求而应用
	2E	冷轧，热处理，机械除鳞	粗糙，亚光	一般使用带有氧化皮（耐酸溶液能力很强）的钢，也可进行酸洗
	2D	冷轧，热处理，酸洗	平滑	适合于良好延展性的表面加工，但不如 2B 或 2R 光滑
	2B	冷轧，热处理，酸洗，平整	比 2D 光滑	是大多数钢种最常用的表面加工，具有良好的耐腐蚀性，光滑平直，也是后序再加工常用的表面加工，也可通过拉伸矫直进行平整
	2R	冷轧，光亮退火[③]	平滑，光亮，反光	比 2B 平滑光亮，也是后序再加工常用的表面加工
	2Q	冷轧，硬化和回火，无氧化皮	无氧化皮	在保护气氛下硬化或回火，或者热处理后除氧化皮
特殊表面	1G 或 2G	研磨[④]	见表注[⑤]	可以指定磨料粒度或表面粗糙度。无方向纹理，不太反光
	1J 或 2J	刷磨[④]或亚光抛光[④]	较研磨过的光滑些[⑤]	可以指定刷子或抛光带的等级或表面粗糙度，无方向纹理，不太反光
	1K 或 2K	缎面抛光[④]	见表注[⑤]	为了达到海洋环境或建筑外墙的耐腐蚀要求，对"J"表面加工另加的具体要求，横向 $R_a < 0.5\mu m$ 光滑的表面加工
	1P 或 2P	光亮抛光[④]	见表注[⑤]	机械抛光，可以确定工艺或表面粗糙度，表面无方向性，高度反光影像清晰
	2F	冷轧，热处理，毛面辊平整	均匀，不反光，无光表面	热处理方式为光亮退火或退火酸洗

	简称②	工艺类型	加工的表面	备注
特殊表面	1M 2M	格纹	应协商设计,第二个表面是光滑的	地面用的网格板优异织纹的表面加工,主要用于建筑物
	2W	波状纹④	应协商设计	用于提高强度和/或起到美化的作用
	2L	着色④	确认颜色	
	1S 或 2S	表面镀层④		镀层材料有锡、铝、钛

注:① 并非所有的工艺类型和加工表面的要求都适用所有钢种;
② 表中第一栏,下方的 1 表示热轧,2 表示冷轧;
③ 允许进行平整;
④ 仅单面,除非询价和订合同时特别指定;
⑤ 在每一种表面加工的说明中,表面的状况都有可能变化,生产厂与客户之间应就更具体的要求达成一致(如:磨料粒度或表面粗糙度等)。

不锈钢管材的表面加工 表 4

简称①	工艺条件	备注
AW	焊接管	成型和焊接后不进行处理。用于限制制作的地方,平滑无光泽表面加工
AWBR	焊接的,管内焊缝辊压	内表面平滑,类似 2B 表面,符合食品工业卫生要求
AWA	焊后退火	焊后光亮退火提高耐腐蚀性并软化,便于钢管制作加工如弯曲、扩张和成型等
S	无缝管	热加工的管材,表面与热轧棒材的表面加工类似

注:① AW 和 AWA 管表面加工与制管所用的 2B 钢板表面加工类似。

不锈钢棒材的表面加工 表 5

BD(Bright Drawn)	光亮拉拔表面加工是大多数圆钢和异型材(六角和八角等)的标准表面加工。轻度冷拔可以提高强度和平滑度,虽然做不到无瑕疵,但尺寸偏差很小(具有代表性的是 ISOh9 或 h10),圆钢生产过程还包括最终的磨抛。 典型应用:轴,机加工部件,结构件,螺杆,装饰和安全护栏
CD(Cold Drawn)	冷拔表面加工一般是表示最终拉拔操作。它可以表示光亮拉拔,也可以表示用肥皂润滑剂进行最终拉拔,形成更平滑的表面,后一种方式通常用于硬化冷拔材。 典型应用:硬化冷拔材(直至全硬化弹簧回火)用于扭杆和弹簧箍等
CDA (Cold Drawn Annealed)	冷拔退火表面加工是将冷拔或光亮拉拔棒材进行最终固溶处理,然后再进行普通酸洗去除热处理氧化皮。最终的成品很软,容易加工,但是表面无光与 HRAP(1 号)表面加工相似。这种冷拔退火表面常用于六角棒材或类似的型材。 典型应用:型材用于大加工量部件,如:带螺纹的紧固件等
CG(Centreless Ground)	无心研磨表面加工是对冷拔或车削圆钢轻度研磨而成,经过精细抛光的圆钢表面有磨光线痕,直径公差可以很小,可达到 ISOh8 以上,磨光的表面加工很容易与最终制作的手工抛光相匹配。 典型应用:精密轴和建筑栏杆
起丝磨(Linished)	圆钢冷表面加工是拉拔或研磨后的圆钢经砂带起丝磨。这样可以进一步改善表面质量,使圆钢表面留下非常细的线痕。 典型应用:精密轴和建筑应用

续表

光面车削(Smooth Turned)	光面车削表面加工是一些圆钢生产厂的标准生产工艺,特别是直径在50～100mm之间的圆钢。这个直径范围以外的圆钢也有光面车削的。车削掉圆钢热轧表面层和退火层,露出平滑、无瑕疵表面,加工标准一般为ISOh10,光面车削后的圆钢一般还要再进行抛光处理。 典型应用:轴,紧固件,销钉,在一般机械加工上应用
冷轧(Cold Rolled)	由线材冷轧成极小断面的扁材,而常见的扁材产品是由钢板分条或纵剪而成。冷加工后的扁材表面与2B板表面加工相同。分条的边部经过冷轧会改善板型,尺寸偏差小于HRAP。 典型应用:结构件应用,如:储罐座或框架,梯子和走道
HRAP (Hot Rolled Annealed and Pickled)	热轧退火酸洗表面加工常用于型材,包括扁材、角钢、槽钢和T型钢。外观效果与HRAP(1号或S&D)中板相似。从名称可以看出最后一道工序是酸洗,表面清洁无光。热轧过程产生软化固溶处理的性能,尺寸偏差范围很宽。 典型应用:结构件应用,如储罐座或框架,容器加强筋,梯子和走道
粗车削或剥皮 (Rough Turned or Peeled)	经过固溶处理的棒材热轧表面或热锻表面被去除,形成干净的圆钢,适用于最终机加工。棒材表面留有明显的车削刀痕,一般有很大的超额定偏差范围,如:ISOk12。 典型应用:加工轴,紧固件和销子的大直径圆钢(直径一般在100mm以上)

不锈钢线丝的表面加工   表6

BD(Bright Drawn)	光亮拉拔表面加工是大多数钢线丝的标准加工,光亮表面是加润滑油拉拔而形成的 典型应用:编织网,架子和支架
CD(Cold Drawn)	冷拉拔表面加工是毛面的,用于肥皂润滑拉拔线丝。如果拉拔强度很高,可能像弹簧一样回火等,如果制成肥皂涂层退火线丝,可能涉及紧固件的表面加工 典型应用:编织网,成卷弹簧和紧固件
BA(Bright Annealed)	光亮退火表面加工是不光滑的。这种非常软的线丝用于进一步成型 典型应用:绑扎丝

    在实际应用中,表面外观的效果用肉眼很难判断是否一样的,最简单的测试办法是计算表面粗糙度 R_a(表面与表面中心线的平均高度偏差),用测量仪 CLA 将一个钻石触针横向拖过表面,记录表面波峰与波谷间的高度差,触针的运动转化成电信号来计算出粗糙度,CLA 数值越低,表面越光滑。该方法是利用了代表性的定点波长,通常取 0.8mm,定点波长的选择十分重要,它直接影响到所测的表面粗糙度。

    另一种测试办法是光亮度测量(见图1),是用反射原理(由一定光源以一定的入射角射到表面,通过测量反射光的强度)计算出表面光亮度(任意单位)。如:2B 的奥氏体不锈钢表面光亮度为 20～30,铁素体不锈钢为 50～55;BA 的奥氏体不锈钢表面

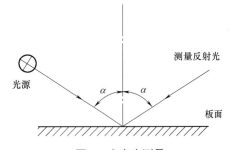

图1 光亮度测量

光亮度为 50～55，铁素体不锈钢为 56～60 等。

1.1 不锈钢板材表面加工

表 1 至表 6 以及 GB/T 3280 中的表 37 都显示出了有关标准中的许多种板材的表面加工。其中大量应用的是 2B 或 2R（有时称为 BA 或 2BA）和 4 号表面加工。

（1）热轧板的表面加工

经热轧、热处理后不除鳞者称之为"1C"、"HRA"或"O"的表面加工。有一些中、厚板在这种状态下使用，因表面光滑度并不重要，表面粗糙度一般为 2～6μm，因未酸洗，氧化物下的贫铬层使表面的耐腐蚀性不如酸洗后的情况，尽管腐蚀率大大低于碳钢，但这种表面呈黑色，并在潮湿环境下容易遭受腐蚀。

钢板经过酸洗（硝酸和氢氟酸混合液）清除高温氧化物和贫铬层（包括酸洗前的喷丸处理而破裂的较厚黑色氧化层会加快酸洗速度），这种表面加工被称为"1D"，"HRAP"，"No.1"或"S&D"（软化并除鳞）。

中板可经热轧、热处理、酸洗工艺获得热轧的表面加工，也可通过冷轧或平整来改善表面质量。有些加工厂也用研磨及抛光来处理中板表面质量，并获得近似薄板抛光的效果。

热轧卷板通常在酸洗后要对钢板进行精整，用手提砂轮去除单面或双面表面缺陷以后再进行冷轧。

（2）冷轧板的表面加工

经冷轧、热处理、酸洗、再经毛面辊平整，称之为 2D 表面加工，2D 可以是酸洗表面，也可以是毛面表面。

酸洗后再用大直径高精度抛光辊进行小压下量的平整（这只能少量降低粗糙度，但可提高光泽和平直度），形成不锈钢的 2B 表面加工。

虽然影响钢板表面粗糙度的因素很多，但冷轧抛光辊起主导作用，且同冷轧压下量有关，总压下量决定了表面粗糙度范围为 0.1～1.0μm。由于不同的性能要求（如：防划伤和涂料附着力等），需要较粗糙表面时，选用 2D，表面粗糙度为 0.5～3.0μm。

高反射率的轧制 2R（BA）表面加工是在还原的干燥氮/氢气氛中经过光亮退火，不需要再进行酸洗和钝化处理。

（3）特殊表面加工

由轧制表面加工的板材再进行逐级的磨抛，使表面具有毛面或不同的光亮等级（3号、4 号、6 号、7 号、8 号）。常用的 2J 或 4 号表面加工是采用磨料抛光（先用较粗的磨料，再用 80～220 细磨料），然后对钢带进行张力矫直或平整，提高表面光泽。

所用磨料的等级和种类（碳化硅产生的表面效果要比用同等粒度氧化铝磨出的表面更柔和）、砂带号和砂带的状况、压头压力和钢带速度以及是否加润滑液，这些都直接影响表面的效果。不同生产厂之间没有统一标准，不可能匹配。流通领域的加工中心省略了张力矫直或平整，表面光泽较差。此外，标准的抛光工艺在不同的钢种上生产不同的效果，不可能完全一致。对一些关键性应用，订单中需要"典型样片"作参照，便于取得一致的看法。表 7 为不同表面加工的粗糙度参考值。

不同表面加工的粗糙度参考值 表 7

表面加工	粗糙度 CLA/μm
2B	0.10～0.5
2A	0.05～0.1
2D	0.40～1.0
3	0.40～1.5
4	0.20～1.5
8	0.20
EP(电解抛光)	原表面的 1/2

表面平滑程度对于耐腐蚀性是极为重要的，腐蚀测试表明，粗糙度超过 0.5μm 时腐蚀率会明显增大（见图 2）。所以许多建筑标准规定最大粗糙度值定为 0.5μm，而不是指定某一个标准表面的编号。

冷轧板还有各种压制、蚀刻有网纹图案表面加工，着色涂层等表面加工等供用户选用。

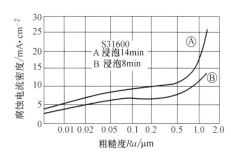

图 2 316 不锈钢腐蚀率

1.2 不锈钢管材表面加工

不锈钢管材制品经过抛光也可以有不同的表面加工，但是管材制品没有表面加工编号，通常是用磨料粒度来表示，如：80、120、180 和 320 等。

不锈钢无缝钢管的内壁采用电解抛光用于乳制品、食品和药品等行业，清洁和耐腐蚀是它们最基本的要求，配套管件的内壁也需电解抛光。管子可以是单纯的内抛光和外抛光，也可是双面抛光。焊管和冷拔的无缝管都可以研磨或抛光，外抛光管的外径最大可达 168mm，管子内径小于 19mm 时无法对内壁进行抛光。

1.3 不锈钢棒材表面加工

不锈钢棒材的表面加工是用表面加工的方法来命名的。热轧棒材的表面加工经热轧（或锻造，或挤压）、热处理、酰洗（或喷丸或粗车削或磨刷等除鳞）而获得。冷轧棒材的表面加工是由热轧棒材再经若干种方法加工，以获得接近的尺寸公差和比较光滑的表面。对装饰用途的棒材可采用抛光及磨光达到毛面或镜面的表面加工。

2. 不锈钢表面加工制作方法

可以归纳为六种方法，当然不同要求的表面加工方法也可组合使用这六种方法。

2.1 按不同工艺分为不同的轧制表面加工等级

2.2 机械法

在轧制表面加工的基础上再经机械加工如：车削、喷丸、研磨、抛光、擦光、刷光，以便形成不同的表面加工：

（1）喷丸处理是使喷丸（玻璃球、陶瓷球、硅砂刚玉、不锈钢珠、切断的不锈钢丝粒等）冲击（离心力或压缩空气）不锈钢表面，形成毛面无光的表面加工。

（2）研磨（用不同粒度的磨料研磨）、抛光（用不同粗细的砂带）、擦磨（纤维或布轮擦抛）、刷光（在磨料和油介质中用坦皮科抛光刷刷抛）形成毛面或平滑、光亮、镜面等的表面加工。

在表面加工中，经常采用逐级研磨方式，初始粒度根据要求去除表面部分所需的磨料粒度进行选择。整个操作是通过粒度越来越小的轮子进行研磨、直到达到最终要求的表面为止。每换一种规格的磨料，轮子在工件上的横移方向转90°，以便消除残留的修磨痕迹。

粗磨也可以去掉焊缝处钢渣、喷溅留下的"焊道"和变色，可用不锈钢钢丝刷清理，然后再用合适的吊轮研磨。修磨焊道时，周围的金属应采取保护措施，用纸或其他材料遮盖防止金属飞屑。可将一些湿布放在工件上吸热，减少热变形，尤其是薄板工件。

粗修磨所用的硬质砂轮常用的磨料有氧化铝、碳化锆和碳化硅，粗磨的磨料粒度为20～36，精磨粒度可达60，硬砂轮的表面速度通常为1500～3000m/min。

减少砂轮研磨局部区域的热量增大对奥氏体不锈钢影响是非常重要的，不然会加剧热变形。金属温度降低可以避免热回火色（250℃时热回火色变得很明显）。

一般来说，研磨的主要目的是快速地去除金属表层，而抛光的重点是使表面更加平滑，研磨通常用较粗的磨料，而抛光用的磨料粒度为80或更细。表8为磨料粒度与表面加工粗糙度的参考值。

磨料粒度与表面加工粗糙度的参考值 表8

磨料粒度	表面加工粗糙度 $R_a/\mu m$
60	2.01
80	1.2
120	0.8～1.0
150	0.7～1.0
180	0.3～0.8
220	0.4
240	0.3
320	0.1～0.2

抛光一般是用特制形状的砂轮或砂带。抛光速度一般要比研磨速度高一些，典型的砂轮抛光速度为2500m/min，研磨的注意事项也适用于抛光。采用150～240砂带进行抛光可得到连续线条的发纹表面加工。为达到镜面抛光需用细磨料逐级抛光，最后用非常细的抛光膏抛光。

擦磨的操作一般分为两步：第一为削光擦抛，第二为带色磨光。前面抛光留下的细小划痕用削光轮擦抛，磨料不粘在磨轮上，而是转动的磨轮在切削润滑剂上蹭一下，粘些润滑剂。切削润滑剂是由细（粒度约300）的人造磨料（如：氧化铝），用硬油脂作粘合剂。它们浸透到布轮子里。带色磨光和削光擦抛的方式一样，只是润滑剂是有颜色的（如红铁粉）。表面符合要求后，用软法兰绒布粘上白石灰粉（碳酸钙粉）或白垩粉进行擦拭。

滚转抛光是磨料和摩擦相结合，用于小部件的表面处理工艺。

用 4 号抛光薄板制作工件时，需要对焊接区进行二次处理，采用以下手工操作方法可以做到基本上与原板表面一致。焊缝与原抛光纹路平行，可用砂轮磨光焊缝，再用粒度为 80 和 120 (或 150) 的便携式特制砂轮进行抛光。砂轮移动的方向应与焊缝的走向一致，这样纹路与原机械抛光表面的纹路一致；如不平行，最终的手工抛光应与机械抛光的方向一致。如果接缝两侧的纹路不一致（比如：一侧与焊缝平行，另一侧与焊缝垂直），最好的办法是顺着焊缝抛光为好（不要横跨焊缝）。

2.3 压花法

使用刻纹轧辊轧制出表面凹凸的几何图案的压花、网纹及波纹等表面加工（一般单面压花深度为 0.03mm，双面压花深度为 0.2mm），除了具有艺术效果外，还有防滑、耐磨、防碰撞等效果。

2.4 化学及电化学法

进行蚀刻，着色，电解抛光等表面加工。

蚀刻是采用丝网印刷技术，遮蔽不需蚀刻的部分，腐蚀（药液为氯化铁溶液）出各种花纹图案（白色无光泽表面），原板可用镜面或发纹表面加工等不锈钢板。

着色是将不锈钢浸入热铬酸或硫酸溶液中，然后在另一种酸液中进行阴极硬化处理。基本金属与热酸反应生成一层基本无色的透明薄膜，但是在光的干涉作用下会显示出颜色。按照标准的时间顺序，产生的颜色为青铜色、蓝色、金黄色、红色、紫色和绿色。着色效果与着色前的表面处理密切相关，毛面和缎面着色后颜色无光泽，抛光表面着色后金属光泽度很高。这种彩色不锈钢不仅耐腐蚀性增强，不褪色（耐热温度可达 200℃），还可进行弯曲或轻度拉伸加工。

表面黑化处理，即将钢板浸泡在重铬酸钠溶液中。汽车行业黑化不锈钢部件（如：雨刷器）最常用的方法，太阳能聚光板和家用煤气灶三脚架制造厂也使用这种方法。黑化是在不锈钢表面形成很薄的一层无光黑色氧化膜。该膜不会剥落、不褪色而且耐磨性很好。

电解抛光是去除很薄的表层，使表层有光泽。被抛光的工件在电解液中为阳极。电解不能去除表面瑕疵，如：划痕、毛刺、氧化色、锻造痕迹等，表面原有的缺陷经过电解会变得更加明显，电解抛光前表面的好坏对抛光效果起着决定性的作用。电解抛光同样适用于不锈钢铸件。

2.5 涂装法

进行油漆涂层等的表面加工，有涂装后进行再加工（预涂法），主要用于屋面顶板（不锈钢板厚 0.3~0.8mm），还有加工后再涂装（后涂法），主要用于大楼外装建材（不锈钢幕墙板厚 0.3~1.0mm）。

涂层不锈钢是 20 世纪 70 年代开发出来的，首先用于屋顶的材料。日本工业化生产不锈钢板始于 1955 年，随后开发出无芯木带楞不锈钢板屋面。在不锈钢表面涂以氟碳树脂（耐候寿命大于 20 年）和硅聚酯（耐候寿命大于 7 年）的着色涂层，大大增加了海洋环境中的耐腐蚀性，使建筑物屋面耐久、耐污染、美观和防眩。

润滑涂层不锈钢（涂层中含有蜡）使保护膜有高润滑及深冲性，屋顶施工后接受太阳紫外线会在短期内自然消失，从而解决不锈钢保护薄膜手工剥离带来的困难。

在不锈钢表面涂覆绝热的发泡聚酯橡胶树脂，并在涂料内混入金属粉使其具有导电性，就可以进行点焊，此板用于冷藏输送车和冷藏库的内外板上。

具有高分子聚酯系涂料的不锈钢用于厨房壁板、冰箱等耐污染和耐洗涤用途的地方或设备。

在透明涂层中配入珍珠色彩的透明涂层不锈钢用于家电用具外壳。

2.6 电镀与蒸镀法

在不锈钢表面电镀一层耐磨、耐蚀的镀层用于艺术品和装饰，常见有镀铬、镀镍。电镀不锈钢板（多为铁素体）也可作屋面，如镀铝、镀锌、镀铜等表面加工等。另有蒸镀钛的表面加工，电镀后可再加透明涂层以提高耐蚀性。

镀铝不锈钢在盐的环境下具有优良的耐蚀性，可作为汽车排气系统材料和消音器材料，由于热反射强还可用于屋顶。镀锌不锈钢作屋顶材料能呈现黑灰色黏土瓦的效果，并耐大气腐蚀。镀铜不锈钢作屋顶材料耐腐蚀并因表面生成铜绿具有豪华美丽的颜色。

利用离子蒸镀 TiN/TiCN 不锈钢表面呈金色、黑色、青色及褐色等，用于建筑装饰、日用器具、艺术品，表面硬化度也很高，不易刮伤和易于维护。

3. 不锈钢表面加工发展趋向

近年来，随着不锈钢在建筑、汽车、家电、厨房设施等行业用途的扩大，对不锈钢表面加工有了更多的需求，防指纹、易清洁、耐磨损等一些新功能、新要求的表面加工正在研制与开发之中，具有多方面的发展趋势。举例如下：

（1）意大利安装了 35 套新的连续刷光机，生产无光泽（防指纹）表面加工的不锈钢带。过去只有低效率的单片抛光研磨，新的连续化成卷生产效率高，能供应大批量表面加工性能均匀的不锈钢板、带。

（2）日本研制了涂层不锈钢板的新品种，涂层内含有氧化钛光催化剂，该光催化剂在紫外线照射下超强的亲水性使板材具有了防污性（即具自清洁功能），并且由于光催化剂的强氧化力而使屋面具有净化空气及抗菌功能。

（3）日本新日铁和 DNP 公司共同开发了透明涂层（透明-着色-树脂）不锈钢，用来制造了最新式样的家用冰箱，可防指纹、易清洗、抗擦划痕，同时还解决了过去外观不均一的问题。另外还研究了两种透明涂层的混合使用方法，可提高涂层的寿命。

（4）法国等国研制了不锈钢表面进行真空渗氮、渗碳方法，提高了不锈钢表面的耐磨性，使不锈钢具有高氮不锈钢的优异性能。

译校者注：

1. 本附录二全部摘自《不锈钢实用手册》中国科学技术出版社（2003.9.版）的"焊接与表面加工编"之 7. 不锈钢的表面加工。

2. 近年来不锈钢表面加工技术有了很大的发展，但附录二的转载提供了不锈钢表面加工的基础知识和适用经验，还是十分有用的。当正式采用不锈钢板为屋面顶板时，需视建筑用途、周围自然环境、耐久性要求、艺术效果等诸多因素，充分吸收不锈钢表面加工新工艺、新技术，并经慎重考虑后加以选择，以达到建成"不锈、新颖、靓丽"的建筑屋面的目的。

附录三

不锈钢冷轧钢板和钢带（摘录）

Cold rolled stainless steel plate，sheet and strip

中国标准：GB/T 3280—2015

前　言

本标准按照 GB/T 1.1—2009 给出的规则起草。

本标准代替 GB/T 3280—2007《不锈钢冷轧钢板和钢带》。与 GB/T 3280—2007 标准相比，主要技术变化如下：

——在分类中增加了"3/4 冷作硬化状态"；

——在订货内容中增加了"边缘状态"；

——调整了钢板和钢带的尺寸精度；

——修改了对卷切钢带 II 的不平度；

——增加了 23 个牌号及相关技术要求；

——调整了 5 个牌号的化学成分；

——调整了 13 个牌号的力学性能，并补充了部分 HV 硬度；

——将原牌号 022Cr18NbTi 修改为 022Cr18Nb；

——对厚度不大于 3mm 的钢板和钢带的断后伸长率试样改为 A_{50mm}；

——增加了 2E 表面加工类型；

——修改了复验和判定规则；

——增加了力学性能和化学成分试验结果修约的规定；

——增加了附录 A《各国不锈钢牌号对照表》（资料性附录）。

本标准由中国钢铁工业协会提出。

本标准由全国钢标准化技术委员会（SAC/C 183）归口。

本标准主要起草单位：山西太钢不锈钢股份有限公司、宝钢不锈钢有限公司、冶金工业信息标准研究院、四川西南不锈钢有限责任公司、宁波宝新不锈钢有限公司、山东泰山钢铁集团有限公司。

本标准主要起草人：武强、张晶晶、徐中杰、董莉、王军、邬珠仙、陈培敦、孙铭山、王晓虎、季灯平、李六一、王传东、栾燕、张维旭。

本标准所代替标准的历次版本发布情况为：

——GB 3280—1984，GB/T 3280—1992，GB/T 3280—2007；

——GB 4239—1984，GB/T 4239—1991。

1 范围

本标准规定了不锈钢冷轧钢板和钢带的分类、代号、订货内容，尺寸、外形、重量及允许偏差，技术要求、试验方法、检验规则、包装、标志及质量证明书。

本标准适用于耐腐蚀不锈钢冷轧宽钢带（以下简称宽钢带）及其卷切定尺钢板（以下简称卷切钢板）、纵剪冷轧宽钢带（以下简称纵剪宽钢带）及其卷切定尺钢带（以下简称卷切钢带Ⅰ），冷轧窄钢带（以下简称窄钢带）及其卷切定尺钢带（以下简称卷切钢带Ⅱ），也适用于单张轧制的钢板。

2 规范性引用文件

下列文件对于本文件的应用是必不可少的。凡是注日期的引用文件，仅注日期的版本适用于本文件。凡是不注日期的引用文件，其最新版本（包括所有的修改单）适用于本文件。（摘注：计有39部GB/T标准，1部YB/T标准，未摘录）。

3 分类、代号

3.1 按加工硬化状态分类如下：

　　a）1/4冷作硬化状态，H 1/4；

　　b）1/2冷作硬化状态，H 1/2；

　　c）3/4冷作硬化状态，H 3/4；

　　d）冷作硬化状态，H；

　　e）特别冷作硬化状态，H2。

3.2 按边缘状态分类如下：

　　a）切边，EC；

　　b）不切边，EM。

3.3 按尺寸、外形精度等级分类如下：

　　a）宽度普通精度，PW. A；

　　b）宽度较高精度，PW. B；

　　c）厚度普通精度，PT. A；

　　d）厚度较高精度，PT. B；

　　e）长度普通精度，PL. A；

　　f）长度较高精度，PL. B；

　　g）不平度普通级，PF. A；

　　h）不平度较高级，PF. B；

　　i）镰刀弯普通精度，PC. A；

　　j）镰刀弯较高精度，PC. B。

4　订货内容

按本标准订货的合同或订单应包括下列内容：

a）标准编号；

b）产品名称；

c）牌号或统一数字代号；

d）尺寸及精度；

e）交货的重量（数量）；

f）表面加工类型；

g）边缘状态；

h）交货状态；

i）标准中应由供需双方协商确定并在合同中注明的项目或指标，如未注明，则由供方选择；

j）需方提出的其他特殊要求，经供需双方协商确定，并在合同中注明。

5　尺寸、外形、重量及允许偏差

5.1　尺寸及允许偏差

5.1.1　钢板和钢带的尺寸范围

钢板和钢带的公称尺寸范围见表1。推荐的公称尺寸应符合 GB/T 708—2006 中 5.2 的规定。根据需方要求，并经双方协商确定，可供应其他尺寸的产品。

表 1　公称尺寸范围　　　　单位：mm

形态	公称厚度	公称宽度
宽钢带、卷切钢板	0.10～8.00	600～2100
纵剪宽钢带[a]、卷切钢带Ⅰ[a]	0.10～8.00	＜600
窄钢带、卷切钢带Ⅱ	0.01～3.00	＜600

[a] 由宽度大于600mm的宽钢带纵剪（包括纵剪加横切）成宽度小于600mm的钢带或钢板。

5.1.2　厚度允许偏差

5.1.2.1　宽钢带及卷切钢板、纵剪宽钢带及卷切钢带Ⅰ的厚度允许偏差应符合表2普通精度（PT.A）的规定。如需方要求并在合同中注明时，可执行表2中较高精度（PT.B）的规定。

表 2　宽钢带及卷切钢板、纵剪宽钢带及卷切钢带Ⅰ的厚度允许偏差　　单位：mm

公称厚度	PT.A		PT.B		
	公称宽度		公称宽度		
	＜1250	1250～2100	600～＜1000	1000～＜1250	1250～2100
0.10～＜0.25	±0.03	—	—	—	—
0.25～＜0.30	±0.04	—	±0.038	±0.038	—
0.30～＜0.60	±0.05	±0.08	±0.040	±0.040	±0.05

续表

公称厚度	PT. A		PT. B		
	公称宽度		公称宽度		
	＜1250	1250～2100	600～＜1000	1000～＜1250	1250～2100
0.60～＜0.80	±0.07	±0.09	±0.05	±0.05	±0.06
0.80～＜1.00	±0.09	±0.10	±0.05	±0.06	±0.07
1.00～＜1.25	±0.10	±0.12	±0.06	±0.07	±0.08
1.25～＜1.60	±0.12	±0.15	±0.07	±0.08	±0.10
1.60～＜2.00	±0.15	±0.17	±0.09	±0.10	±0.12
2.00～＜2.50	±0.17	±0.20	±0.10	±0.11	±0.13
2.50～＜3.15	±0.22	±0.25	±0.11	±0.12	±0.14
3.15--＜4.00	±0.25	±0.30	±0.12	±0.13	±0.16
4.00～＜5.00	±0.35	±0.40	—	—	—
5.00～＜6.50	±0.40	±0.45	—	—	—
6.50～8.00	±0.50	±0.50	—	—	—

5.1.2.2 宽钢带头尾不正常部分（总长度不大于25000mm）的厚度偏差值允许比正常部分增加50%。

5.1.2.3 窄钢带及卷切钢带Ⅱ的厚度允许偏差应符合表3中普通精度（PT.A）的规定。如需方要求并在合同中注明时，可执行表3中较高精度（PT.B）的规定。

表3　窄钢带及卷切钢带Ⅱ的厚度允许偏差　　　　　　单位：mm

公称厚度	PT. A			PT. B		
	公称宽度			公称宽度		
	＜125	125～＜250	250～＜600	＜125	125～＜250	250～＜600
0.05～＜0.10	±0.10t	±0.12t	±0.15t	±0.06t	±0.10t	±0.10t
0.10～＜0.20	±0.010	±0.015	±0.020	±0.008	±0.012	±0.015
0.20～＜0.30	±0.015	±0.020	±0.025	±0.012	±0.015	±0.020
0.30～＜0.40	±0.020	±0.025	±0.030	±0.015	±0.020	±0.025
0.40～＜0.60	±0.025	±0.030	±0.035	±0.020	±0.025	±0.030
0.60～＜1.00	±0.030	±0.035	±0.040	±0.025	±0.030	±0.035
1.00～＜1.50	±0.035	±0.040	±0.045	±0.030	±0.035	±0.040
1.50～＜2.00	±0.040	±0.050	±0.060	±0.035	±0.040	±0.050
2.00～＜2.50	±0.050	±0.060	±0.070	±0.040	±0.050	±0.060
2.50～3.00	±0.060	±0.070	±0.080	±0.050	±0.060	±0.070

供需双方协商确定,偏差值可为全正偏差、负偏差或正负偏差不对称分布,但公差值应在表列范围之内。

厚度小于0.05mm时,由供需双方协商确定。

钢带边部毛刺高度应小于或等于产品公称厚度×10%。

注:t 为公称厚度。

5.1.3 宽度允许偏差

5.1.3.1 切边（EC）宽钢带及卷切钢板、纵剪宽钢带及卷切钢带Ⅰ的宽度允许偏差应符合表4普通精度（PW.A）的规定。如需方要求并在合同中注明时，可执行表4中的较高精度（PW.B）的规定。

表4 切边宽钢带及卷切钢板、纵剪宽钢带及卷切钢带Ⅰ宽度允许偏差 单位：mm

公称厚度	公称宽度							
	≤125		>125~250		>250~600		>600~1000	>1000
	PW.A	PW.B	PW.A	PW.B	PW.A	PW.B	PW.A	PW.A
<1.00	+0.5 0	+0.3 0	+0.5 0	+0.3 0	+0.7 0	+0.6 0	+1.5 0	+2.0 0
1.00~ <1.50	+0.7 0	+0.4 0	+0.7 0	+0.5 0	+1.0 0	+0.7 0	+1.5 0	+2.0 0
1.50~ <2.50	+1.0 0	+0.6 0	+1.0 0	+0.7 0	+1.2 0	+0.9 0	+2.0 0	+2.5 0
2.50~ <3.50	+1.2 0	+0.8 0	+1.2 0	+0.9 0	+1.5 0	+1.0 0	+3.0 0	+3.0 0
3.50~8.00	+2.0 0	—	+2.0 0	—	+2.0 0	—	+4.0 0	+4.0 0

经需方同意，产品可小于公称宽度交货，但不应超出表列公差范围。

经需方同意，对于需二次修边的纵剪产品，其宽度偏差可增加到5mm。

5.1.3.2 不切边（EM）宽钢带及卷切钢板的宽度允许偏差应符合表5的规定。

表5 不切边宽钢带及卷切钢板宽度允许偏差 单位：mm

边缘状态	公称宽度	
	600~<1 000	1 000~2100
不切边EM	+25 0	+30 0

5.1.3.3 切边（EC）窄钢带及卷切钢带Ⅱ的宽度允许偏差应符合表6普通精度（PW.A）的规定。如需方要求并在合同中注明时，可执行表6中较高精度（PW.B）的规定。

5.1.3.4 不切边（EM）窄钢带及卷切钢带Ⅱ的宽度允许偏差由供需双方协商确定。

表6 切边窄钢带及卷切钢带Ⅱ宽度允许偏差 单位：mm

公称厚度	公称宽度							
	≤40		>40~125		>125~250		>250~600	
	PW.A	PW.B	PW.A	PW.B	PW.A	PW.B	PW.A	PW.B
0.05~<0.25	+0.17 0	+0.13 0	+0.20 0	+0.15 0	+0.25 0	+0.20 0	+0.50 0	+0.50 0
0.25~<0.50	+0.20 0	+0.15 0	+0.25 0	+0.20 0	+0.30 0	+0.22 0	+0.60 0	+0.50 0

公称厚度	公称宽度							
	≤40		>40～125		>125～250		>250～600	
	PW.A	PW.B	PW.A	PW.B	PW.A	PW.B	PW.A	PW.B
0.50～<1.00	+0.25 0	+0.20 0	+0.30 0	+0.22 0	+0.40 0	+0.25 0	+0.70 0	+0.60 0
1.00～<1.50	+0.30 0	+0.22 0	+0.35 0	+0.25 0	+0.50 0	+0.30 0	+0.90 0	+0.70 0
1.50～<2.50	+0.35 0	+0.25 0	+0.40 0	+0.30 0	+0.60 0	+0.40 0	+1.0 0	+0.80 0
2.50～<3.00	+0.40 0	+0.30 0	+0.50 0	+0.40 0	+0.65 0	+0.50 0	+1.2 0	+1.0 0

经供需双方协商确定,宽度偏差可全为正偏差或负偏差,但公差值应不超出表列范围。

5.1.4 长度允许偏差

5.1.4.1 卷切钢板及卷切钢带Ⅰ的长度允许偏差应符合表7普通精度（PL.A）的规定。如需方要求并在合同中注明时,可执行表7较高精度（PL.B）的规定。

表7 卷切钢板及卷切钢带Ⅰ的长度允许偏差　　　　单位：mm

公称长度	PL.A	PL.B
≤2000	+5 0	+3 0
>2000	+0.25%×公称长度 0	+0.15%×公称长度 0

5.1.4.2 卷切钢带Ⅱ的长度允许偏差应符合表8普通精度（PL.A）的规定。如需方要求并在合同中注明时,可执行表8较高精度（PL.B）的规定。

5.2 外形

5.2.1 不平度

5.2.1.1 卷切钢板及卷切钢带Ⅰ的不平度应符合表9普通级（PF.A）的规定。如需方要求并在合同中注明时,可执行表9中较高级（PF.B）的规定。

5.2.1.2 卷切钢带Ⅱ的不平度应符合表10普通级（PF.A）的规定。如需方要求并在合同中注明时,可执行表10中较高级（PF.B）的规定。

表8 卷切钢带Ⅱ的长度允许偏差　　　　单位：mm

公称长度	PL.A	PL.B
≤2000	+3 0	+1.5 0
>2000～4000	+5 0	+2 0
>4000	按供需双方协议规定	

表9 卷切钢板及卷切钢带Ⅰ的不平度^a 单位：mm

公称长度	PF. A	PF. B
≤3000	≤10	≤7
>3000	≤12	≤8

^a 不适用于冷作硬化钢板及2D产品。

表10 卷切钢带Ⅱ的不平度^a 单位：mm

公称长度	PF. A	PF. B
任意长度	≤6	≤4

^a 不适用于冷作硬化钢板及2D产品。0.1mm厚度以下或未经矫直的卷切钢带Ⅱ的不平度由供需双方协商确定。

5.2.1.3 对冷作硬化处理后的卷切钢板不平度应符合表11规定。

表11 不同冷作硬化状态下卷切钢板的不平度^a 单位：mm

公称宽度	厚度	H1/4	H1/2	H3/4、H、H2
600～<900	0.10～0.40	≤19	≤23	按供需双方协议规定
	>0.40～0.80	≤16	≤23	
	>0.80	≤13	≤19	
900～<2100	≤0.40	≤26	≤29	按供需双方协议规定
	>0.40～0.80	≤19	≤29	
	>0.80	≤16	≤26	

^a 仅适用于奥氏体型和奥氏体·铁素体型(软板及深冲板除外)的不锈钢钢板。

5.2.2 镰刀弯

5.2.2.1 宽钢带及卷切钢板、纵剪宽钢带及卷切钢带Ⅰ的镰刀弯应符合表12的规定。冷作硬化卷切钢板的镰刀弯由供需双方协商确定。

表12 宽钢带及卷切钢板、纵剪宽钢带及卷切钢带Ⅰ的镰刀弯 单位：mm

公称宽度	任意1000mm长度上的镰刀弯
10～<40	≤2.5
40～<125	≤2.0
125～<600	≤1.5
600～<2100	≤1.0

5.2.2.2 窄钢带及卷切钢带Ⅱ的镰刀弯应符合表13普通精度（PC. A）的规定。如需方要求并在合同中注明时，可执行表13中较高精度（PC. B）的规定。冷作硬化卷切钢板的镰刀弯由供需双方协商确定。

5.2.3 切斜度

5.2.3.1 卷切钢板及卷切钢带Ⅰ的切斜度应不大于产品公称宽度×0.5%，或符合表14的规定。

表 13　窄钢带及卷切钢带Ⅱ的镰刀弯　　　　　　　　单位：mm

公称宽度	任意 1000mm 长度上的镰刀弯	
	PC. A	PC. B
10～＜25	≤4.0	≤1.5
25～＜40	≤3.0	≤1.25
40～＜125	≤2.0	≤1.0
125～＜600	≤1.5	≤0.75

表 14　卷切钢板及卷切钢带Ⅰ的切斜度　　　　　　　　单位：mm

卷切钢板长度	对角线最大差值
≤3000	≤6
＞3000～6000	≤10
＞6000	≤15

5.2.3.2　卷切钢带Ⅱ的切斜度应符合表 15 的规定。

表 15　卷切钢带Ⅱ的切斜度　　　　　　　　单位：mm

公称宽度	切斜度
≥250	≤公称宽度×0.5%
＜250	按供需双方协议

5.2.4　边浪

宽钢带、纵剪宽钢带、窄钢带的边浪应符合如下规定：边浪＝浪高 h/浪形长度 L。

a）经平整或矫直后的窄钢带：厚度≤1.0mm，边浪≤0.03；厚度＞1.0mm，边浪≤0.02；

b）宽钢带或纵剪宽钢带：边浪≤0.03；

c）冷作硬化钢带及 2D 表面产品的边浪由供需双方协商确定。

5.2.5　钢卷外形

5.2.5.1　钢卷应牢固成卷并尽量保持圆柱形和不卷边，钢卷内径应在合同中注明。

5.2.5.2　钢卷塔形应符合：切边钢卷及纵剪宽钢带不大于 35mm；不切边钢卷不大于 70mm。

5.3　单张轧制钢板

单张轧制钢板的尺寸、外形及允许偏差可参照 GB/T 708—2006 的规定执行。如需方有特殊要求，由供需双方协商确定。

5.4　重量

钢板和钢带按实际重量或理论重量交货。按理论重量交货时，钢的密度按 GB/T 20878—2007 的附录 A 计算，未规定时，由供需双方协商确定。

6　技术要求

6.1　牌号、分类及化学成分

6.1.1　钢的牌号、分类及化学成分（熔炼分析）应符合表 16～表 20 的规定。各国不锈钢牌号对照参见附录 A。不锈钢的特性和用途参见附录 B。

表16　奥氏体型钢的化学成分（摘录）

统一数字代号	牌号	化学成分（质量分数）/%										
		C	Si	Mn	P	S	Ni	Cr	Mo	Cu	N	其他元素
S30403	022Cr19Ni10[a]	0.030	0.75	2.00	0.045	0.030	8.00~12.00	17.50~19.50	—	—	0.10	—
S30408	06Cr19Ni10[a]	0.07	0.75	2.00	0.045	0.030	8.00~10.50	17.50~19.50	—	—	0.10	—
S30409	07Cr19Ni10[a]	0.04~0.10	0.75	2.00	0.045	0.030	8.00~10.50	18.00~20.00	—	—	—	—
S30450	05Cr19Ni10Si2CeN[a]	0.04~0.06	1.00~2.00	0.80	0.045	0.030	9.00~10.00	18.00~19.00	—	—	0.12~0.18	Ce: 0.03~0.08
S30453	022Cr19Ni10N[a]	0.030	0.75	2.00	0.045	0.030	8.00~12.00	18.00~20.00	—	—	0.10~0.16	—
S30458	06Cr19Ni10N[a]	0.08	0.75	2.00	0.045	0.030	8.00~10.50	18.00~20.00	—	—	0.10~0.16	—
S30478	06Cr19Ni9NbN	0.08	1.00	2.50	0.045	0.030	7.50~10.50	18.00~20.00	—	—	0.15~0.30	Nb: 0.15
S30510	10Cr18Ni12[a]	0.12	0.75	2.00	0.045	0.030	10.50~13.00	17.00~19.00	—	—	—	—
S31252	015Cr20Ni18Mo6CuN	0.020	0.80	1.00	0.030	0.010	17.50~18.50	19.50~20.50	6.00~6.50	0.50~1.00	0.18~0.25	—
S31603	022Cr17Ni12Mo2[a]	0.030	0.75	2.00	0.045	0.030	10.00~14.00	16.00~18.00	2.00~3.00	—	0.10	—
S31608	06Cr17Ni12Mo2[a]	0.08	0.75	2.00	0.045	0.030	10.00~14.00	16.00~18.00	2.00~3.00	—	0.10	—

续表

统一数字代号	牌号	化学成分(质量分数)/%										
		C	Si	Mn	P	S	Ni	Cr	Mo	Cu	N	其他元素
S31609	07Cr17Ni12Mo2[a]	0.04~0.10	0.75	2.00	0.045	0.030	10.00~14.00	16.00~18.00	2.00~3.00	—	—	—
S31653	022Cr17Ni12Mo2N[a]	0.030	0.75	2.00	0.045	0.030	10.00~14.00	16.00~18.00	2.00~3.00	—	0.10~0.16	—
S31658	06Cr17Ni12Mo2N[a]	0.08	0.75	2.00	0.045	0.030	10.00~14.00	16.00~18.00	2.00~3.00	—	0.10~0.16	—
S31668	06Cr17Ni12Mo2Ti[a]	0.08	0.75	2.00	0.045	0.030	10.00~14.00	16.00~18.00	2.00~3.00	—	—	Ti≥5×C
S31678	06Cr17Ni12Mo2Nb[a]	0.08	0.75	2.00	0.045	0.030	10.00~14.00	16.00~18.00	2.00~3.00	—	0.10	Nb: 10×C~1.10
S31688	06Cr18Ni12Mo2Cu2	0.08	1.00	2.00	0.045	0.030	10.00~14.00	17.00~19.00	1.20~2.75	1.00~2.50	—	—
S30568												
S30488												

注：表中所列成分除标明范围或最小值，其余均为最大值。

[a] 为相对于 GB/T 20878—2007 调整化学成分的牌号。

表 17 奥氏体·铁素体型钢的化学成分 (未摘录)

表 18　铁素体型钢的化学成分（摘录）

统一数字代号	牌号	化学成分（质量分数）/%										
		C	Si	Mn	P	S	Ni	Cr	Mo	Cu	N	其他元素
S11710	10Cr17[a]	0.12	1.00	1.00	0.040	0.030	0.75	16.00~18.00	—	—	—	—
S12361	019Cr23Mo2Ti	0.025	1.00	1.00	0.040	0.030	—	21.00~24.00	1.50~2.50	0.60	0.025	Ti、Nb、Zr 或其组合：8×(C+N)~0.80
S12362	019Cr23MoTi	0.025	1.00	1.00	0.040	0.030	—	21.00~24.00	0.70~1.50	0.60	0.025	Ti、Nb、Zr 或其组合：8×(C+N)~0.80
S13091	008Cr30Mo2[a,b]	0.010	0.40	0.40	0.030	0.020	0.50	28.50~32.00	1.50~2.50	0.20	0.015	Ni+Cu≤0.50

注：表中所列成分除标明范围或最小值，其余均为最大值。

a 为相对于 GB/T 20878—2007 调整化学成分的牌号。

b 可含有 V、Ti、Nb 中的一种或几种元素。

表 19　马氏体型钢的化学成分（摘录）

统一数字代号	牌号	化学成分（质量分数）/%										
		C	Si	Mn	P	S	Ni	Cr	Mo	Cu	N	其他元素
S41010	12Cr13	0.15	1.00	1.00	0.040	0.030	0.60	11.50~13.50	—	—	—	—

注：表中所列成分除标明范围或最小值，其余均为最大值。

a 为相对于 GB/T 20878—2007 调整化学成分的牌号。

表 20　沉淀硬化型钢的化学成分（未摘录）

6.1.2 成品化学成分允许偏差应符合 GB/T 222 的规定。

6.2 冶炼方法

钢宜采用粗炼钢水加炉外精炼。

6.3 交货状态

6.3.1 钢板和钢带经冷轧后，可经热处理及酸洗或类似处理后交货。当进行光亮热处理时，可省去酸洗等处理。热处理制度参见附录 C。

6.3.2 根据需方要求，钢板和钢带可按不同冷作硬化状态交货。

6.3.3 对于沉淀硬化型钢的热处理，需方应在合同中注明热处理的种类，并应说明是对钢带、钢板本身还是对试样进行热处理。

6.3.4 必要时可进行矫直、平整或研磨。

6.4 力学性能

6.4.1 经热处理的各类型钢板和钢带的力学性能应符合 6.4.4～6.4.10 的规定。

6.4.2 对于几种硬度试验，可根据钢板和钢带的不同尺寸和状态选择其中一种方法试验。

6.4.3 厚度小于 0.3mm 的钢板和钢带的断后伸长率和硬度值仅供参考。

6.4.4 经固溶处理的奥氏体型钢板和钢带的力学性能应符合表 21 的规定。

表 21 经固溶处理的奥氏体型钢板和钢带的力学性能（摘录）

统一数字代号	牌号	规定塑性延伸强度 $R_{p0.2}$/MPa	抗拉强度 R_m/MPa	断后伸长率[a] A/%	硬度值		
		不小于			HBW	HRB	HV
					不大于		
S30403	022Cr19Ni10	180	485	40	201	92	210
S30408	06Cr19Ni10	205	515	40	201	92	210
S30409	07Cr19Ni10	205	515	40	201	92	210
S30450	05Cr19Ni10Si2CeN	290	600	40	217	95	220
S30453	022Cr19Ni10N	205	515	40	217	95	220
S30458	06Cr19Ni10N	240	550	30	217	95	220
S30478	06Cr19Ni9NbN	345	620	30	241	100	242
S30510	10Cr18Ni12	170	485	40	183	88	200
S31252	015Cr20Ni18Mo6CuN	310	690	35	223	96	225
S31603	022Cr17Ni12Mo2	180	485	40	217	95	220
S31608	06Cr17Ni12Mo2	205	515	40	217	95	220
S31609	07Cr17Ni12Mo2	205	515	40	217	95	220
S31653	022Cr17Ni12Mo2N	205	515	40	217	95	220
S31658	06Cr17Ni12Mo2N	240	550	35	217	95	220
S31668	06Cr17Ni12Mo2Ti	205	515	40	217	95	220
S31678	06Cr17Ni12Mo2Nb	205	515	30	217	95	220
S31688	06Cr18Ni12Mo2Cu2	205	520	40	187	90	200

[a] 厚度不大于 3mm 时使用 A_{50mm} 试样。

6.4.5　不同冷作硬化状态钢板和钢带的力学性能应符合表22～表26的规定。表中未列的牌号以冷作硬化状态交货时的力学性能及硬度由供需双方协商确定并在合同中注明。

6.4.6　经固溶处理的奥氏体-铁素体型钢板和钢带的力学性能应符合表27的规定。

表22　H1/4状态的钢板和钢带的力学性能（摘录）

统一数字代号	牌号	规定塑性延伸强度 $R_{p0.2}$/MPa	抗拉强度 R_m/MPa	断后伸长率[a] A/%		
				厚度 <0.4mm	厚度 0.4mm～<0.8mm	厚度 ≥0.8mm
				不小于		
S30403	022Cr19Ni10	515	860	8	8	10
S30408	06Cr19Ni10	515	860	10	10	12
S30453	022Cr19Ni10N	515	860	10	10	12
S30458	06Cr19Ni10N	515	860	12	12	12
S31603	022Cr17Ni12Mo2	515	860	8	8	8
S31608	06Cr17Ni12Mo2	515	860	10	10	10
S31658	06Cr17Ni12Mo2N	515	860	12	12	12

[a] 厚度不大于3mm时使用 A_{50mm} 试样。

表23　H1/2状态的钢板和钢带的力学性能（摘录）

统一数字代号	牌号	规定塑性延伸强度 $R_{p0.2}$/MPa	抗拉强度 R_m/MPa	断后伸长率[a] A/%		
				厚度 <0.4mm	厚度 0.4mm～<0.8mm	厚度 ≥0.8mm
				不小于		
S30403	022Cr19Ni10	760	1035	5	6	6
S30408	06Cr19Ni10	760	1035	6	7	7
S30453	022Cr19Ni10N	760	1035	6	7	7
S30458	06Cr19Ni10N	760	1035	6	7	8
S31603	022Cr17Ni12Mo2	760	1035	5	6	6
S31608	06Cr17Ni12Mo2	760	1035	6	7	7
S31658	06Cr17Ni12Mo2N	760	1035	6	8	8

[a] 厚度不大于3mm时使用 A_{50mm} 试样。

表24　H3/4状态的钢板和钢带的力学性能（未摘录）

表25　H状态的钢板和钢带的力学性能（未摘录）

表26　H2状态的钢板和钢带的力学性能（未摘录）

表27　经固溶处理的奥氏体-铁素体型钢板和钢带的力学性能（未摘录）

6.4.7　经退火处理的铁素体型钢板和钢带的力学性能应符合表28的规定。

6.4.8　经退火处理的马氏体型钢板和钢带的力学性能应符合表29的规定。

6.4.9 经固溶处理的沉淀硬化型钢板和钢带的试样的力学性能应符合表 30 的规定。根据需方指定并经时效处理的试样的力学性能应符合表 31 的规定。

表 28　经退火处理的铁素体型钢板和钢带的力学性能（摘录）

统一数字代号	牌号	规定塑性延伸强度 $R_{p0.2}$/MPa	抗拉强度 R_m/MPa	断后伸长率[a] A/%	80°弯曲试验弯曲压头直径 D	硬度值		
						HBW	HRB	HV
		不小于				不大于		
S11710	10Cr17	205	420	22	$D=2\alpha$	183	89	200
S11763	022Cr17Ti	175	360	22	$D=2\alpha$	183	88	200
S11863	022Cr18Ti	205	415	22	$D=2\alpha$	183	89	200
S11882	019Cr18CuNb	205	390	22	$D=2\alpha$	192	90	200
S11973	022Cr18NbTi	205	415	22	$D=2\alpha$	183	89	200
S12182	019Cr21CuTi	205	390	22	$D=2\alpha$	192	90	200
S12361	019Cr23Mo2Ti	245	410	20	$D=2\alpha$	217	96	230
S12362	019Cr23MoTi	245	410	20	$D=2\alpha$	217	96	230
S12791	008Cr27Mo	275	450	22	$D=2\alpha$	187	90	200
S13091	008Cr30Mo2	295	450	22	$D=2\alpha$	207	95	220

注：α 为弯曲试样厚度。

[a] 厚度不大于 3mm 时使用 A_{50mm} 试样。

表 29　经退火处理的马氏体型钢板和钢带（17Cr16Ni2 除外）的力学性能（摘录）

统一数字代号	牌号	规定塑性延伸强度 $R_{p0.2}$/MPa	抗拉强度 R_m/MPa	断后伸长率[a] A/%	180°弯曲试验弯曲压头直径 D	硬度值		
						HBW	HRB	HV
		不小于				不大于		
S40310	12Cr12	205	485	20	$D=2\alpha$	217	96	210
S41008	06Cr13	205	415	22	$D=2\alpha$	183	89	200
S41010	12Cr13	205	450	20	$D=2\alpha$	217	96	210
S42020	20Cr13	225	520	18	—	223	97	234

注：α 为弯曲试样厚度。

[a] 厚度不大于 3mm 时使用 A_{50mm} 试样。

表 30　经固溶处理的沉淀硬化型钢板和钢带试样的力学性能（未摘录）

表 31　经时效处理后的沉淀硬化型钢板和钢带试样的力学性能（未摘录）

6.4.10 经固溶处理后沉淀硬化型钢板和钢带的弯曲性能应符合表 32 的规定。

表 32　经固溶处理后沉淀硬化型钢板和钢带的弯曲性能（未摘录）

6.5　耐腐蚀性能

6.5.1 钢板和钢带按表 33～表 36 进行耐晶间腐蚀试验，试验方法由供需双方协商，并在合同中注明。合同中未注明时，可不做试验。对于含钼量不小于 3% 的低碳不锈钢，试验前的敏化处理应由供需双方协商确定。

6.5.2 表33～表36中未列入的牌号需进行耐晶间腐蚀试验时，其试验方法和要求，由供需双方协商，并在合同中注明。

表33 10%草酸浸蚀试验的判别（摘录）

统一数字代号	牌号	试验状态	硫酸—硫酸铁腐蚀试验	65%硝酸腐蚀试验	硫酸—硫酸铜腐蚀试验
S30408 S30409	06Cr19Ni10 07Cr19Ni10	固溶处理 （交货状态）	沟状组织	沟状组织 凹状组织Ⅱ	沟状组织
S31608 S31688	06Cr17Ni12Mo2 06Cr18Ni12Mo2Cu2			—	
S30403	022Cr19Ni10	敏化处理	沟状组织	沟状组织 凹状组织Ⅱ	沟状组织
S31603	022Cr17Ni12Mo2			—	
S31668	06Cr17Ni12Mo2Ti				

表34 硫酸—硫酸铁腐蚀试验的腐蚀减量（摘录）

统一数字代号	牌号	试验状态	腐蚀减量/[g/(m²·h)]
S30408 S30409 S31608 S31688	06Cr19Ni10 07Cr19Ni10 06Cr17Ni12Mo2 06Cr18Ni12Mo2Cu2	固溶处理 （交货状态）	按供需双方协议
S30403 S31603	022Cr19Ni10 022Cr17Ni12Mo2	敏化处理	按供需双方协议

表35 65%硝酸腐蚀试验的腐蚀减量（摘录）

统一数字代号	牌号	试验状态	腐蚀减量/[g/(m²·h)]
S30408 S30409	06Cr19Ni10 07Cr19Ni10	固溶处理 （交货状态）	按供需双方协议
S30403	022Cr19Ni10	敏化处理	按供需双方协议

表36 硫酸—硫酸铜腐蚀试验后弯曲面状态（摘录）

统一数字代号	牌号	试验状态	试验后弯曲面状态
S30408 S30409 S31608 S31688	06Cr19Ni10 07Cr19Ni10 06Cr17Ni12Mo2 06Cr18Ni12Mo2Cu2	固溶处理 （交货状态）	不允许有晶间腐蚀裂纹
S30403 S31603 S31668	022Cr19Ni10 022Cr17Ni12Mo2 06Cr17Ni12Mo2Ti	敏化处理	不允许有晶间腐蚀裂纹

6.5.3 根据需方要求，经供需双方协商，可对钢板和钢带进行其他腐蚀试验，其试验方法和要求，由供需双方协商确定，并在合同中注明。

6.6 表面加工及质量要求

6.6.1 钢板和钢带表面加工类型

钢板和钢带的表面加工类型见表37，需方应根据使用需求指定钢板表面加工类型。经供需双方协商，并在合同中注明，可提供表37以外的表面加工类型。

表 37 表面加工类型

简称	加工类型	表面状态	备注
2E 表面	带氧化皮冷轧、热处理、除鳞	粗糙且无光泽	该表面类型为带氧化皮冷轧，除鳞方式为酸洗除鳞或机械除鳞加酸洗除鳞。这种表面适用于厚度精度较高、表面粗糙度要求较高的结构件或冷轧替代产品
2D 表面	冷轧、热处理、酸洗或除鳞	表面均匀，呈亚光状	冷轧后热处理、酸洗或除鳞。亚光表面经酸洗产生。可用毛面辊进行平整。毛面加工便于在深冲时将润滑剂保留在钢板表面。这种表面适用于加工深冲件，但这些部件成型后还需进行抛光处理
2B 表面	冷轧、热处理、酸洗或除鳞、光亮加工	较2D表面光滑平直	在2D表面的基础上，对经热处理、除鳞后的钢板用抛光辊进行小压下量的平整。属最常用的表面加工。除极为复杂的深冲外，可用于任何用途
BA 表面	冷轧、光亮退火	平滑、光亮、反光	冷轧后在可控气氛炉内进行光亮退火。通常采用干氢或干氢与干氮混合气氛，以防止退火过程中的氧化现象。也是后工序再加工常用的表面加工
3# 表面	对单面或双面进行刷磨或哑光抛光	无方向纹理、不反光	需方可指定抛光带的等级或表面粗糙度。由于抛光带的等级或表面粗糙度的不同，表面所呈现的状态不同。这种表面适用于延伸产品还需进一步加工的场合。若钢板或钢带做成的产品不进行另外的加工或抛光处理时，建议用4#表面
4# 表面	对单面或双面进行通用抛光	无方向纹理、反光	经粗磨料粗磨后，再用粒度为120#～150#或更细的研磨料进行精磨。这种材料被广泛用于餐馆设备、厨房设备、店铺门面、乳制品设备等
6# 表面	单面或双面亚光缎面抛光，坦皮科研磨	呈亚光状、无方向纹理	表面反光率较4#表面差，是用4#表面加工的钢板在中粒度研磨料和油的介质中经坦皮科刷磨而成。适用于不要求光泽度的建筑物和装饰。研磨粒度可由需方指定
7# 表面	高光泽度表面加工	光滑、高反光度	是由优良的基础表面进行摩擦而成，但表面磨痕无法消除，该表面主要适用于要求高光泽度的建筑物外墙装饰
8# 表面	镜面加工	无方向纹理、高反光度、影像清晰	该表面是用逐步细化的磨料抛光和用极细的铁丹大量擦磨而成。表面不留任何擦磨痕迹。该表面被广泛用于模压板和镜面板
TR 表面	冷作硬化处理	应材质及冷作量的大小而变化	对退火除鳞或光亮退火的钢板进行足够的冷作硬化处理。大大提高强度水平
HL 表面	冷轧、酸洗、平整、研磨	呈连续性磨纹状	用适当粒度的研磨材料进行抛光，使表面呈连续性磨纹

单面抛光的钢板，另一面需进行粗磨，以保证必要的平直度。

标准的抛光工艺在不同的钢种上所产生的效果不同。对于一些关键性的应用，订单中需要附"典型标样"作参照，以便于取得一致的看法。

6.6.2　钢板和钢带表面质量

6.6.2.1　钢板不允许有影响使用的缺陷。允许有个别深度小于厚度公差之半的轻微麻点、擦划伤、压痕、凹坑、辊印和色差等不影响使用的缺陷。允许局部修磨，但应保证钢板最小厚度。

6.6.2.2　钢带不允许有影响使用的缺陷。但成卷交货的钢带，允许有少量不正常的部分，对不经抛光的钢带，表面允许有个别深度小于厚度公差之半的轻微麻点、擦划伤、压痕、凹坑、辊印和色差。

6.6.2.3　钢带边缘应平整。切边钢带边缘不允许有深度大于宽度公差之半的切割不齐和大于钢带厚度公差的毛刺；不切边钢带不允许有大于宽度公差的裂边。

6.7　特殊要求

根据需方要求，可对钢的化学成分、力学性能作特殊要求，或补充规定非金属夹杂物、奥氏体-铁素体中α相含量的测定、无损检测等项目，具体内容由供需双方协商确定。

7　试验方法

7.1　化学成分试验方法

钢的化学成分试验方法应符合 GB/T 223.3、GB/T 223.4、GB/T 223.5、GB/T 223.8、GB/T 223.9、GB/T 223.11、GB/T 223.16、GB/T 223.18、GB/T 223.19 GB/T 223.23、GB/T 223.25、GB/T 223.26、GB/T 223.28、GB/T 223.33、GB/T 223.36、GB/T 223.40、GB/T 223.53、GB/T 223.58、GB/T 223.60、GB/T 223.61、GB/T 223.68、GB/T 223.69、GB/T 11170、GB/T 20123、GB/T 20124 的规定。

7.2　钢板和钢带检验项目、取样方法及部位、取样数量及试验方法

每批钢板或钢带的检验项目、取样方法及部位、取样数量及试验方法应符合表 38 的规定。

表 38　钢板和钢带检验项目、取样方法及部位、取样数量及试验方法

序号	检验项目	取样方法及部位	取样数量	试验方法
1	化学成分	按 GB/T 20066	1 个	见 7.1
2	拉伸试验	按 GB/T 2975	1 个	GB/T 228.1，YB/T 4334
3	弯曲试验	按 GB/T 2975	1 个	GB/T 232
4	硬度	任一张或任一卷	1 个	GB/T 230.1，GB/T 231.1，GB/T 4340.1
5	耐腐蚀性能	按 GB/T 4334	按 GB/T 4334	GB/T 4334
6	尺寸、外形	—	逐张或逐卷	本标准 7.3
7	表面质量	—	逐张或逐卷	目视

7.3　尺寸和外形的测量方法
7.3.1　尺寸的测量
7.3.1.1　厚度测量
7.3.1.1.1　宽钢带及卷切钢板、纵剪宽钢带及卷切钢带Ⅰ：

a) 不切边状态距钢带轧制边不小于 30mm 处任意点测量；切边状态距钢带剪切边不小于 20mm 处任意点测量；

　　b）纵剪宽钢带及卷切钢带Ⅰ，宽度小于 40mm 时，沿钢带宽度方向的中心部位测量。

7.3.1.1.2 窄钢带及卷切钢带Ⅱ：宽度大于 20mm 时，距边部不小于 10mm 处任意点测量；宽度不大于 20mm 时，沿钢带宽度方向的中心部位测量。

7.3.2 外形的测量

7.3.2.1 不平度：钢板在自重状态下平放于平台上，测量钢板任意方向的下表面与平台间的最大距离。

7.3.2.2 镰刀弯：测量方法见图 1，可用 1m 直尺测量。窄钢带的测量位置在钢卷头尾 3 圈之外。

7.3.2.3 切斜度：测量方法见图 2。

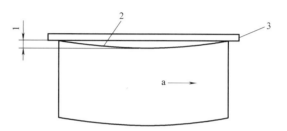

图 1　镰刀弯测量方法

说明：

1—镰刀弯；2—钢带边沿；3—平直基准。ᵃ 轧制方向。

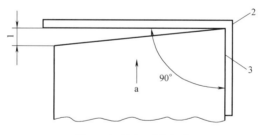

图 2　切斜度测量方法

说明：

1—切斜度；2—直角尺；3—侧边。ᵃ 轧制方向。

7.3.2.4 边浪：测量方法见图 3。
钢带的边浪测量仅适用于产品边部。

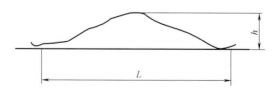

图 3　边浪测量方法

说明：

h—边浪高度；L—边浪波长。

8　检验规则

8.1　钢板和钢带的检验由供方质量检验部门进行。

8.2　用作冷轧原料的钢板、钢带的力学性能仅在需方要求并在合同中注明时方进行检验。

8.3　钢板和钢带应成批提交验收，每批由同一牌号、同一炉号、同一厚度和同一热处理制度的钢板和钢带组成。

8.4　其他检验项目的复验和判定应符合 GB/T 17505 的规定。

8.5　力学性能和化学成分试验结果应采用修约值比较法进行修约，修约规则按 GB/T 8170 的规定执行。

9　包装、标志及质量证明书

钢板和钢带的包装、标志及质量证明书应符合 GB/T 247 的规定。

附录 A（资料性附录）
各国不锈钢牌号对照表

各国不锈钢牌号对照表见表 A.1。

表 A.1 各国不锈钢牌号对照表（摘录）

GB/T 20878—2007 中序号	统一数字代号	牌号	旧牌号	美国 ASTM A959	日本 JIS G4303、JIS G4311、JIS G4305 等	国际 ISO 15510 ISO 4955	欧洲 EN 10088-1 EN 10095
17	S30408	06Cr19Ni10	0Cr18Ni9	S30400、304	SUS304	X5CrNi18-10	X5CrNi18-10、1.4301
18	S30403	022Cr19Ni10	00Cr19Ni10	S30403、304L	SUS304L	X2CrNi18-9	X2CrNi18-9、1.4307
19	S30409	07Cr19Ni10	—	S30409、304H	SUH304H	X7CrNi18-9	X6CrNi18-10、1.4948
20	S30450	05Cr19Ni10Si2CeN	—	S30415	—	X6CrNiSiNCe19-10	X6CrNiSiNCe19-10、1.4818
23	S30458	06Cr19Ni10N	0Cr19Ni9N	S30451、304N	SUS304N1	X5CrNiN19-9	X5CrNiN19-9、1.4315
24	S30478	06Cr19Ni9NbN	0Cr19Ni10NbN	S30452、XM-21	SUS304N2	—	—
25	S30453	022Cr19Ni10N	00Cr18Ni10N	S30453、304LN	SUS304LN	X2CrNiN18-9	X2CrNiN18-10、1.4311
26	S30510	10Cr18Ni12	1Cr18Ni12	S30500、305	SUS305	X6CrNi18-12	X4CrNi18-12、1.4303
37	S31252	015Cr20Ni18Mo6CuN	—	S31254	SUS312L	X1CrNiMoN20-18-7	X1CrNiMoN20-18-7、1.4547
38	S31608	06Cr17Ni12Mo2	0Cr17Ni12Mo2	S31600、316	SUS316	X5CrNiMo17-12-2	X5CrNiMo17-12-2、1.4401
39	S31603	022Cr17Ni12Mo2	00Cr17Ni14Mo2	S31603、316L	SUS316L	X2CrNiMo17-12-2	X2CrNiMo17-12-2、1.4404
40	S31609	07Cr17Ni12Mo2	1Cr17Ni12Mo2	S31609、316H	—	—	X6CrNiMo17-13-2、1.4918
41	S31668	06Cr17Ni12Mo2Ti	0Cr18Ni12Mo3Ti	S31635、316Ti	SUS316Ti	X6CrNiMoTi17-12-2	X6CrNiMoTi17-12-2、1.4571
42	S31678	06Cr17Ni12Mo2Nb	—	S31640、316Nb	—	X6CrNiMoNb17-12-2	X6CrNiMoNb17-12-2、1.4580
43	S31658	06Cr17Ni12Mo2N	0Cr17Ni12Mo2N	S31651、316N	SUS316N	—	—
44	S31653	022Cr17Ni12Mo2N	00Cr17Ni13Mo2N	S31653、316LN	SUS316LN	X2CrNiMoN17-12-3	X2CrNiMoN17-11-2、1.4406
45	S31688	06Cr18Ni12Mo2Cu2	0Cr18Ni12Mo2Cu2	—	SUS316J1	—	—
—	S12362	019Cr23MoTi	—	—	SUS445J1	—	—
—	S12361	019Cr23Mo2Ti	—	—	SUS445J2	—	—
98	S41010	12Cr13	1Cr13	S41000、410	SUS410	X12Cr13	X12Cr13、1.4006

附录 B（资料性附录）
不锈钢的特性和用途

不锈钢的特性和用途见表 B.1。

表 B.1 不锈钢的特性和用途（摘录）

类型	统一数字代号	牌号	特性和用途
奥氏体型	S30408	06Cr19Ni10	作为不锈耐热钢使用最广泛，用于食品设备，一般化工设备，原子能工业等
	S30403	022Cr19Ni10	比 06Cr19Ni10 含碳量更低的钢，耐晶间腐蚀性优越，焊接后不进行热处理
	S30409	07Cr19Ni10	在固溶态钢的塑性、韧性、冷加工性良好，在氧化性酸和大气、水等介质中耐蚀性好，但在敏化态或焊接后有晶腐倾向。耐蚀性优于 12Cr18Ni9，适于制造深冲成型部件和输酸管道、容器等
	S30450	05Cr19Ni10Si2CeN	加氮，提高钢的强度和加工硬化倾向，塑性不降低。改善钢的耐点蚀、晶腐性，可承受更重的负荷，使材料的厚度减少。用于结构用强度部件
	S30458	06Cr19Ni10N	在 06Cr19Ni10 的基础上加氮，提高钢的强度和加工硬化倾向，塑性不降低。改善钢的耐点蚀、晶腐性，使材料的厚度减少。用于有一定耐腐要求，并要求较高强度和减速轻重量的设备、结构部件
	S30478	06Cr19Ni9NbN	在 06Cr19Ni10 的基础上加氮和铌，提高钢的耐点蚀、晶腐性能，具有与 06Cr19Ni10N 相同的特性和用途
	S30453	022Cr19Ni10N	06Cr19Ni10N 的超低碳钢，因 06Cr19Ni10N 在 450～900℃加热后耐晶腐性将明显下降。因此对于焊接设备构件，推荐用 022Cr19Ni10N
	S31252	015Cr20Ni18Mo6CuN	一种高性价比超级奥氏体不锈钢，较低的 C 含量和高 Mo、高 N 含量，使其具有较好的耐晶间腐蚀能力、耐点腐蚀和耐缝隙腐蚀性能，主要用于海洋开发、海水淡化、热交换器、纸浆生产、烟气脱硫装置等领域
	S31608	06Cr17Ni12Mo2	在海水和其他各种介质中，耐腐蚀性比 06Cr19Ni10 好。主要用于耐点蚀材料
铁素体型	S12362	019Cr23MoTi	属高 Cr 系超纯铁素体不锈钢，耐蚀性优于 019Cr21CuTi，可用于太阳能热水器内胆、水箱、洗碗机、油烟机等
	S12361	019Cr23Mo2Ti	Mo 含量高于 019Cr23Mo，耐腐蚀性进一步提高，可作为 022Cr17Ni12Mo2 的替代钢种用于管式换热器、建筑屋顶、外墙等

附录 C（资料性附录）
不锈钢的热处理制度

不锈钢的热处理制度见表 C.1～表 C.5。

表 C.1 奥氏体型钢的热处理制度（摘录）

统一数字代号	牌号	热处理温度及冷却方式
S30408	06Cr19Ni10	≥1040℃水冷或其他方式快冷
S30403	022Cr19Ni10	≥1040℃水冷或其他方式快冷
S30409	07Cr19Ni10	≥1095℃水冷或其他方式快冷
S30450	05Cr19Ni10Si2CeN	≥1040℃水冷或其他方式快冷
S30458	06Cr19Ni10N	≥1040℃水冷或其他方式快冷
S30478	06Cr19Ni9NbN	≥1040℃水冷或其他方式快冷
S30453	022Cr19Ni10N	≥1040℃水冷或其他方式快冷
S30510	10Cr18Ni12	≥1040℃水冷或其他方式快冷
S31252	015Cr20Ni18Mo6CuN	≥1150℃水冷或其他方式快冷
S31608	06Cr17Ni12Mo2	≥1040℃水冷或其他方式快冷
S31603	022Cr17Ni12Mo2	≥1040℃水冷或其他方式快冷
S31609	07Cr17Ni12Mo2	≥1040℃水冷或其他方式快冷
S31668	06Cr17Ni12Mo2Ti	≥1040℃水冷或其他方式快冷
S31678	06Cr17Ni12Mo2Nb	≥1040℃水冷或其他方式快冷
S31658	06Cr17Ni12Mo2N	≥1040℃水冷或其他方式快冷
S31653	022Cr17Ni12Mo2N	≥1040℃水冷或其他方式快冷
S31688	06Cr18Ni12Mo2Cu2	1010～1150℃水冷或其他方式快冷

表 C.2 奥氏体-铁素体型钢的热处理制度（未摘录）

表 C.3 铁素体型钢的热处理制度（摘录）

统一数字代号	牌号	热处理温度及冷却方式
S11710	10Cr17	780～800℃空冷
S12362	019Cr23MoTi	850～1050℃快冷
S12361	019Cr23Mo2Ti	850～1050℃快冷
S12963	022Cr29Mo4NbTi	950～1150℃快冷

表 C.4 马氏体型钢的热处理制度（摘录）

统一数字代号	牌号	退火处理	淬火	回火
S40310	12Cr12	约750℃快冷 或800～900℃缓冷	—	—
S41008	06Cr13	约750℃快冷 或800～900℃缓冷	—	—
S41010	12Cr13	约750℃快冷 或800～900℃缓冷	—	—

表 C.5　沉淀硬化型钢的热处理制度（未摘录）

译校者注：

GB/T 3280—2015 中的文字部分都转载在这里了；表中摘录了不锈钢板屋面常用的牌号，主要是屋面板用奥氏体和铁素体型钢的牌号和构、配件常用相关牌号；奥氏体-铁素体型钢的牌号国外已在屋面板上获得应用，由于我国缺乏这方面的实践经验，未予摘录，但绝无不可用之意，可以在参照国外经验的基础上，需方同不锈钢板生产厂商协商，生产出适用于建筑屋面的双相不锈钢板，不仅强度高，而且耐腐蚀，性能更优良，屋面板更耐久。如需了解更多的牌号和双向钢牌号，请务必查阅该标准的最新版本所含有全部牌号的内容，以促进不锈钢板屋面应用多种不锈钢的种类和牌号，扩大不锈钢屋面在各种用途建筑中的使用范围。

附录四

涂层不锈钢板和钢带

Prepainted stainless steel sheet and strip

日本标准：JIS G 3320：2016

前 言

条款 14 同条款 12 的 12.1 规定是相辅相成的。本标准由不锈钢协会（JSSA）及一般财团法人日本标准协会（JSA），依据工业标准要求提出修改，向日本工业标准委员会申请，经日本工业标准调查委员会审议，由经济产业大臣批准修改确认的日本工业标准。

由此，将 G3320：1999 进行修改，并置换为本标准。

本标准受著作权法保护。

本标准的一部分可能与专利权有关，当与申请公开专利申请权或实用新技术权相抵触时，要引起人们注意。经济产业大臣及日本工业标准调查委员会，不负责对相关的专利权、申请公开专利申请权或实用新技术权进行相关确认。

1 适用范围

本标准对 JIS G 4305 冷轧不锈钢板及钢带涂上耐久性合成树脂漆、主要用于建筑物屋面顶板或外装饰的板状及带状涂层不锈钢钢板及钢带（以下分别称作板及带）所做的产品标准。

也包括在板及带上有时进行对涂层无影响的印刷、局部复涂等产品。

2 引用标准

下面所示的标准被本标准所引用，构成本标准的一部分。这些标准适用其最新版（包含补充追加的内容）。

　　JIS G 0404　钢材的一般交货条件

　　JIS G 0415　钢及钢制品检测报告

　　JIS G 4305　冷轧不锈钢板及钢带

　　JIS K 5600-8-1　涂料一般试验方法-第 8 部分：涂层老化评价、缺失量，有关外观变

化程度的表示-第 1 节：一般原则及等级

JIS K 5600-8-2　涂料一般试验方法-第 8 部分：涂层老化评价-第 2 节：膨胀起鼓的等级

JIS R 6252　研磨纸

JIS S 6006　铅笔，彩色铅笔及其他常用笔芯的铅笔

JIS Z 2371　盐水喷雾试验方法

JIS Z 8401　数据汇总方法

JIS Z 8703　试验场所的标准状态

3　种类及记号

3.1　涂层种类及记号

涂层种类按耐久性分为三种，其种类及记号见表 1。

表 1　涂料种类及记号

涂料种类	记号	耐久性
1 类	1	耐久性按第 5 条
2 类	2	耐久性按第 5 条
3 类	3	耐久性按第 5 条

不管有无涂漆，不予保证面（非保证面）用 0 表示，这里的保证面是应符合第 4 条、第 5 条及第 8 条要求。注记：通常很多情况下是 1 类是指 1 层，2 类是 2 层，3 类是 2 层以上的涂层，涂层是指涂上及烘烤油漆形成的漆膜，用数字表示涂上油漆的次数。

板及带的涂膜种类用表面及背面的涂膜记号组合的 2 位数字来表示。参照例 1～例 3。

例 1：3 2 表示：背面涂 2 层，正面涂 3 层

例 2：3 3 表示：背面涂 3 层，正面涂 3 层

例 3：2 0 表示：背面 非保证，正面涂 2 层

3.2　板及带的种类记号及基板

板及带的基本种类有 8 种，其记号见表 2。

表 2　种类的记号及基板

种类记号	基板
SUS304-C	JIS G 4305 的 SUS304
SUS316-C	JIS G 4305 的 SUS316
SUS430-C	JIS G 4305 的 SUS430
SUS430J$_1$L-C	JIS G 4305 的 SUS430J$_1$L
SUS436L-C	JIS G 4305 的 SUS436L
SUS436J$_1$L-C	JIS G 4305 的 SUS436J$_1$L
SUS445J$_1$-C	JIS G 4305 的 SUS445J$_1$
SUS445J$_2$-C	JIS G 4305 的 SUS445J$_2$

3.3　无铬酸盐涂层的记号

给板及带进行无铬酸盐涂层时的记号按表 3。需要用记号来表示是无铬酸盐涂层时可在种类记号末尾附记号-F。

注：所谓无铬酸盐涂层，是指涂层中不含 6 价铬的钝化层。

表 3　无铬酸盐涂层不锈钢板的记号

油漆种类	记号
无铬酸盐涂层	－F

4　涂膜物理性能

板及带的涂膜按 9.5.1～9.5.4 进行试验，其物理试验项目见表 4。

表 4　涂膜物理试验

试验项目	判定准则
网纹试验	不得出现涂膜从基板上脱落，涂膜有裂纹、起皱、鼓起等异常情形
冲击变形试验	涂膜不能从基板上脱落
弯曲试验	在离试件宽度两侧 7mm 以上的地方，外侧表面上的涂膜不得从基板上脱落
铅笔硬度试验	涂膜不能出现划伤
注:网纹试验在有要求时才进行	

5　涂膜的耐久性

板及带的涂膜耐久性，按表 5 规定的时间内，进行按 9.5.5 规定的盐水喷雾试验，结果要求试件不得产生有超过 JIS K 5600-8-1 及 JIS K 5600-8-2 规定的鼓胀等级 2（S2）以上的鼓胀。涂膜耐久性试验时间见表 5。

表 5　涂膜的耐久性试验时间　　　　　　　　　　单位为 h

涂料种类	耐久性试验 盐水喷雾试验时间(h:小时)
1 类	200
2 类	1000
3 类	2000

6　形状，尺寸及允许偏差

6.1　尺寸

尺寸如下：

a）板及带的厚度用敷涂前基板的厚度表示，并将其作为表示厚度标准，见表 6。

b）板及带的标准宽度及板的标准长度见表 7。

表6　标准表示厚度　　　　　　　　　　　　　　　　　单位为 mm

0.25	0.30	0.35	0.40	0.50	0.60	0.70	0.80	1.0	1.2	1.5

注:表以外的厚度按当事双方的合同执行。

表7　标准宽度及标准长度　　　　　　　　　　　　　　单位为 mm

板、带的标准宽度		板的标准长度			
762	1829	2438	3048	3658	
914	1829	2438	3048	3658	
1000	2000	3000			
1219	2438	3048	3658		

注:带钢中,除此表外的 610 也是标准宽度。

6.2　形状及尺寸的允许偏差

a) 基板的厚度允许偏差按 JIS G 4305 规定。

b) 板及带的宽度及长度允许偏差按表8。

c) 钢带的横向弯曲在用户要求时测定,钢带的横弯最大值见表9。但不适用于钢带端部及尾部不正常部位。钢带的横向弯曲测定也不适用于热轧板边。

表8　宽度及长度允许偏差　　　　　　　　　　　　　　单位为 mm

区分	宽度允许偏差		长度允许偏差
	热轧边[a]	剪切边[b]	
板	+10	+5	+10
	0	0	0
带	+30	+5	+不规定
	0	0	0

注[a]:合同当事双方可协定本表以外的值。

注[b]:按合同当事双方协定后,也可按本表规定的宽度允许偏差数值以下的某个数值交货。但本标准规定的允许偏差上限值不得在 0 以下。

表9　钢带的横向弯曲最大值　　　　　　　　　　　　　单位为 mm

宽度	横向弯曲最大值			
≥40,<80	任意位置长度每1000	2	任意位置长度每2000	8
≥80,<630	任意位置长度每1000	1	任意位置长度每2000	4
≥630	任意位置长度每1000	0.5	任意位置长度每2000	2

注:钢带的横弯见图1。

注:选用表中哪个长度的横弯最大值,可由制造厂商提出。

注:宽度不到40mm时,按合同当事双方的协定执行。

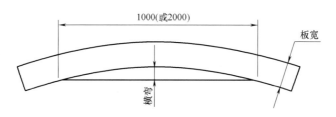

图 1　钢带的横向弯曲检测

7　重量

钢板及钢带重量如下：

a）钢板的重量通常根据计算用公斤（kg）表示。

b）钢带的重量根据实测或计算用公斤（kg）表示。

c）钢板及钢带的重量计算方法：表 10 是基本质量密度表，表 11 是重量计算方法。

在附录 A 里表示了按表 11 计算方法得到的 $1m^2$ 重量（kg/m^2）、1 张板重量（kg/张）、钢带 1m 长度重量（kg/m）。

表 10　钢板及钢带的质量密度　　　　　　　　单位为 $kg/(mm \cdot m^2)$

种类记号	质量密度 $kg/(mm \cdot m^2)$
SUS304-C	7.93
SUS316-C	7.98
SUS430-C	7.70
SUS430J_1L-C	7.70
SUS436L-C	7.70
SUS436J_1L-C	7.70
SUS445J_1-C	7.69
SUS445J_2-C	7.73

8　外观

钢板及钢带上的涂膜不得有孔洞、破损、部分变色、明显色差等影响使用的有害缺陷。另外，因为钢带一般没有去除缺陷的机会，所以可包含焊接部位及若干非正常部位的存在。

表 11　重量的计算方法

计算顺序		计算方法	结果位数[d]
单位（kg/m^2）		基本重量（$kg/(mm \cdot m^2)$）×厚度（mm）	4 位有效数字
钢板	板面积（m^2）	宽度（mm）×长度（mm）×10^{-6}	4 位有效数字
	一张板的重量（kg）	单位重量（kg/m^2）×板面积（m^2）	3 位有效数字
	一捆板的重量[a]（kg）	一张板的重量（kg）×同一尺寸一捆内的张数	kg 的整数值
	总重量[b]（kg）	各捆的重量（kg）总和	kg 的整数值

计算顺序		计算方法	结果位数[d]
钢带	带长 1m 重量(kg/m)	单位重量(kg/m²)×宽度(mm)×10^{-3}	3 位有效数字
	一卷钢带重量[c](kg)	带长 1m 重量(kg/m)×钢带总长度(m)	kg 的整数值
	总重量(kg)	各卷的重量(kg)总和	kg 的整数值

注：[a] 一捆板的重量(kg)，是一张的重量(kg)乘以一捆内同一尺寸钢板的(张)数，取 kg 的整数值。

　　　[b] 钢板的总重量(kg)是各捆板重量(kg)之和，取 kg 的整数值。

　　　[c] 一卷钢带的重量(kg)是 1m 钢带的重量(kg/m)乘以该钢带总长度(m)，取 kg 的整数值。

　　　[d] 数值的归纳整理方法按 JIS Z 8401。

9　试验

9.1　试验温度

网格试验，冲击变形试验，弯曲试验及铅笔硬度试验的试验温度按 JIS Z8703 规定的常温（5～35℃）状态。

9.2　试件取样方法

网格划割试验，冲击变形试验，弯曲试验及铅笔硬度试验所需的试件取样，要把涂层基板的种类及涂层的种类一致且厚度及颜色也一致的产品作为一组，而且每组都要做到这样。

a) 连续涂漆的钢带或从连续涂漆的钢带上切断板时，每重量为 30t 并从尾数中分别取一个试件。

b) 在按预先设定的长度剪切下的不同种类涂层（基板上已有涂层）钢板，按基板种类每 3000 张并从尾数中分别取一个试件。

9.3　试件取样数量

网格试验，冲击变形试验，弯曲试验及铅笔硬度检测的试件数量，从一种用材上分别各取一件试件。

9.4　试件

试件如下：

a) 网格试验，冲击变形试验，弯曲试验及铅笔硬度试验的试件，要从原板上按够作试件的面积上取下。

b) 弯曲试验的试件宽度 75～125mm，长度为宽度的 2 倍。只要没有特别规定，试件长度方向要与轧制方向平行或成直角。

c) 盐雾喷淋用试件的大小，宽在 50mm 以上，长在 100mm 以上，切断面开始 10mm 以内的范围里，要用恰当的方法进行遮盖。

9.5　试验方法

9.5.1　网格划割试验

a) 用单刃安全刀片在试件涂层上切割到达基板而成网格状。

b) 网格的间隔为 1mm，横、竖、直角要交叉共计 11 条划割线。

c) 肉眼观察网格上的涂层有无脱落。

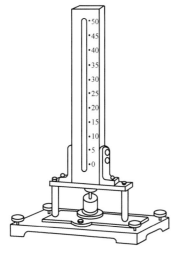

图 2 杜邦冲击变形试验仪

9.5.2 冲击变形试验

a) 从图 2 所示的杜邦冲击变形试验仪的顶部，向试件面落下砝码。

b) 砝码的重量 500±1g，击心顶端半径为 6.35±0.03mm。

c) 将砝码从离试验面上方 500mm 处高度自由落下。

d) 肉眼观察试验面砝码落下处的涂层有无脱落。

9.5.3 弯曲试验

a) 用手动虎钳将试件的试验面朝上，如图 3 那样和试件长度方向成直角弯曲 180°，肉眼观察外侧表面涂层的脱落情况。

b) 弯曲的内侧间距见表 12。

9.5.4 铅笔硬度试验

a) 铅笔芯按涂层种类，使用表 13 的硬度记号（JIS S 6006）。但是，也可根据交货当事双方的协定，也可以使用该表以外的硬度记号的铅笔或笔芯。

b) 铅笔硬度试验要使用铅笔芯进行。芯的前端头部恰当地削到露出 3mm 并能固定住芯杆，接下来在一个坚而平的地方放上 JIS R 6252 P400 以上的细砂纸，把笔芯垂直于砂纸上，边画圆边仔细地研磨到尖端是稍平状态。铅笔芯杆每次试验都要用重新磨过的芯杆，使用时芯杆的粗细按 JIS S 6006。

表 12 弯曲的内侧间距表示

厚度（mm）	弯曲的内侧间距表示（T 为板厚）
＜0.40	板厚度的 2 倍（2T）
≥0.40，＜1.5	板厚度的 3 倍（3T）

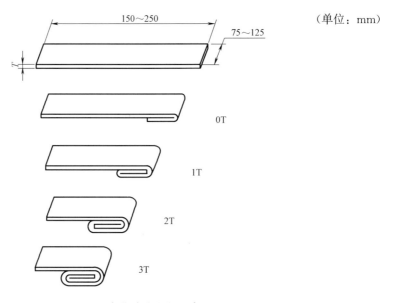

图 3 T 弯曲试验进程示意图

表 13　铅笔的硬度记号

涂料种类	硬度记号
1 类	H
2 类	H
3 类	F

c）把在 b）准备的铅笔或芯杆对试件保持约 45°，一边加 10N 左右的力，一边按图 4 所示的方向画线，线的长度在 20mm 以上，画线的根数要在 3 根以上。

d）肉眼观察试件表面有无划伤等缺陷。

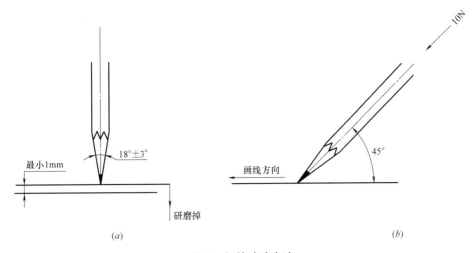

图 4　铅笔试验方法

（a）笔芯研磨；（b）笔芯画线方向

9.5.5　盐雾喷淋试验

盐雾喷淋试验按 JIS Z 2371 规定进行。但是，溶液要用 JIS Z 2371 的 4.2.1（中性盐雾喷淋试验）规定调节到规定的 pH 值。

这个试验为形式性试验，不是每次交货都要进行，已经确立了稳定的供货质量时，只在出现了影响到耐久性等的质量要求时再予以进行。

10　复检

网格试验、冲击变形试验、弯曲试验及铅笔硬度试验的一个或以上的试验结果不符合规定时，对不符合规定的产品可再次进行复检。此时的试件数量为规定试件数量的 2 倍。当复检结果全部符合规定要求时才视为合格。

11　检验

钢板及钢带的检验如下：

a）检验的一般事项按 JIS G 0404 进行。

b）涂膜的物理性能要符合条款 4 规定。

c）涂膜的耐久性要符合条款 5 规定。

d）形状和尺寸要符合条款 6 规定。

e）外观要符合条款 8 规定。

12　标志

12.1　背面标志

通常，检验合格的单面质量保证的钢板及钢带，其背面为非保证面，所以每一张钢板（钢带时为每卷）标志要标明以下项目。双面保证时只在有特别指定时加以标记。

a）种类标记，见表 2。

b）表示厚度，见表 6。

c）生产者名称或其简称。

12.2　每个包装单元的标志

检验合格的钢板及钢带包装，每个包装标志有以下项目。但根据交货双方的协定可省略项目的一部分。

a）种类记号，见表 2。

b）无铬酸盐涂层记号，见表 3。需要表示是无铬酸盐涂层时，可在种类记号末尾加注 -F。

c）漆膜记号，见表 1。

d）色名或色号。

e）尺寸。

f）张数（钢板）或长度（钢带）。

g）每个包装件的产品重量。

h）生产者名称或其简称。

i）产品识别号（钢水炉号或检验号）。

下面表示包装标志示例

例 1：钢板

SUS304-C-F　　20　　　0.80 × 914 × 1829

　　　　　　　　　↓　　　　↓　　↓　　↓　　↓　　↓　　↓　　↓

　　　　　色名或色记号　　厚度　宽度　长度　张数　重量、生产者名称、产品识别号

　　　　　　　　　　　　（mm）（mm）（mm）

　　　　涂料 2 类保证，背面非保证

　　　　无铬酸盐涂层的记号（在种类记号的末尾可任意加设标注 ）。

　　　　种类记号

例 2：钢带

SUS304-C　　33　　　0.40 × 1000 × 1635

　　　　　　　↓　　　　↓　　↓　　　↓　　↓　　↓　　↓

　　　　色名或色记号　　厚度　宽度　　长度　重量、生产者名称、产品识别号

　　　　　　　　　　　（mm）（mm）　（mm）

　　　两面 3 类保证

　　　对于非无铬酸盐涂层，也就是无铬酸盐涂层记号适用以外的，不作标示。

　　　种类记号

13 贮存·运输·加工

贮存·运输·加工上的参考事项，表示在附录 B 里。

14 报告书

生产者在用户有要求时，要向用户提交检测报告。在检测报告中也包含了电子信息等内容。但是检测报告种类在订货合同中无特别指定时，可按 JIS G 0415 的 5.1 的要求提供质量证明书。

附录 A（参考）（未摘录）

钢板及钢带的重量

附录 B（参考）

贮存·运输·加工

B.1 贮存·运输·加工

贮存·运输·加工注意事项如下：

a）要在室内灰尘及湿气少，通风良好的地方保管。

b）搬运、移动时应避免与化学药品之类有腐蚀性的物质混载，还要注意不要遭受雨淋以防止损坏漆膜。

c）由于涂层温度越低加工性能就越差的原因，所以低温储藏过久后的材料进行加工前，应考虑让钢板和钢带的温度能达到常温要求。

译校者注：

1. 附录 A 中表 A.1 表示每平方米板和带的重量，单位是 kg/m^2。因板厚、牌号不同而具有不同的每平方米重量。

2. 附录 A 中表 A.2 表示每张钢板的重量，单位是 kg。因牌号、板厚、板宽、板长不同而具有不同的每张钢板的重量。日本不锈钢板的标准板宽有：762、914、1000、1219（mm）四种；标准板长有：1829、2000、2438、3000、3048、3658（mm）六种。

3. 附录 A 中表 A.3 表示钢带每米长度的重量，单位是 kg/m。因板厚、板宽不同而具有不同的每米长度重量。日本不锈钢板的标准带宽有：610、762、914、1000、1219（mm）五种。

4. 详细了解附录 A，请查阅日文原版标准 JIS G3320 最新版本。

附录五

封面照片说明

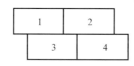

照片位置编号

1. 广州亚运城综合体育馆（约 5.0 万 m²）

承重、防水板：SUS 304　0.5 厚　65/400 型压型不锈钢板（直立锁边）；

屋顶装饰板：　B445R　1.0 厚　宽×长＝590×2400（缝20）盒式板；

压花幕墙、吊顶板：B445R　0.8 厚　压花涂层。

2. 澳门北安客运码头（约 9.1 万 m²）

屋面顶板 1：SUS 316　0.7 厚　波高 75，有效宽度 360、400 压型不锈钢板（咬合）；

屋面顶板 2：SUS 316L　0.7 厚 波高 26，有效宽度 400 压型不锈钢板（卡扣）平屋面。

3. 青岛胶东国际机场航站楼（约 22 万 m²）

焊接不锈钢防水屋面：445J2　0.5 厚　立边高 75，有效宽度 400。

4. 北京世园会日本展馆（约 700m²）

踏步式横铺屋面板。

涂层钢板或者镀层不锈钢板　0.4 厚　宽×长＝260×3850，踏高 27。

牌号对照

上述说明中的牌号	我国牌号
SUS 304	06Cr19Ni10
SUS 316	06Cr17Ni12Mo2
SUS 316L	022Cr17Ni12Mo2
B445R	022Cr27Ni12Mo4Ti
445J2	018Cr23Mo2Ti